亲亲宝贝装

1周就能完成的婴儿套装

日本美创出版　编著　　何凝一　译

C O N T E N T S

Part.1

Bonnet・Mittens・Shoes 0~12个月

童帽・手套・鞋子

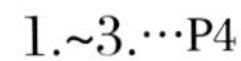

Part.2

Ceremony dress·Shoes 0~12个月

庆典礼裙・鞋子

Variation

变化花样

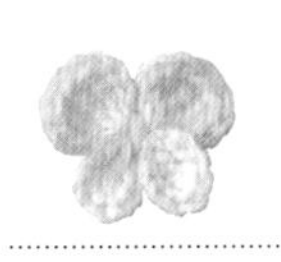
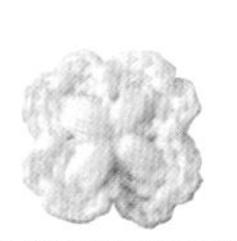

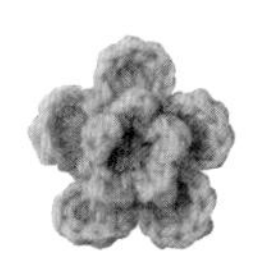

Part.3

Undergarment·Bib 0~12 个月

衬袄・围兜

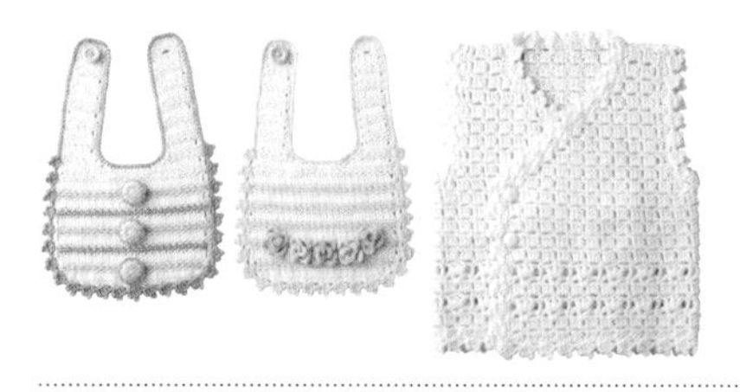

Part.4

Blanket·Stuffed toy 0~12 个月

襁褓・玩偶

Part.5

Cape·Leg warmers 0~12 个月

披肩・护腿

Part.6

Cap·Vest 12~24 个月

帽子·背心

Part.7

Cape·Short boots 12~24 个月

连帽斗篷·短靴

Part.8

Jumper skirt·Hair accessories 12~24 个月

背心裙·头饰

Part.1

0~12个月 · 男孩 & 女孩

童帽 · 手套 · 鞋子

Bonnet · Mittens · Shoes

1.

2.

3.

最想为我的小小天使编织的便是这一套。
人气手套的编织方法非常简单，推荐给各位初学者。

编织方法＊1.…P6　2.…P10　3.…P11

Part.1 重点步骤解说

※ 为了更加直观明了，解说图中使用了不同颜色的线

2.5.7. 手套

[手套的编织方法]

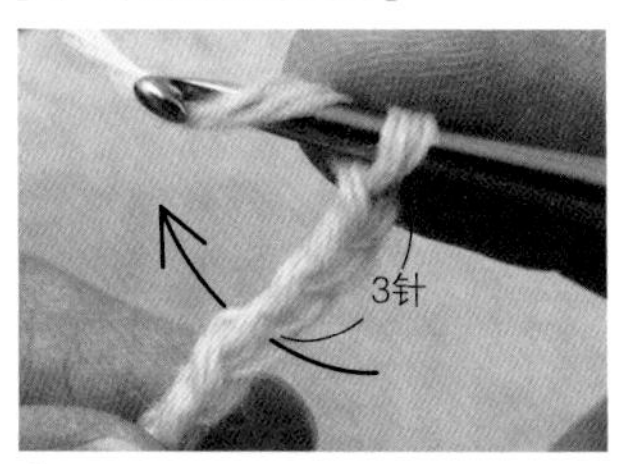

1 编织起针的锁针（9 针）和立起的锁针（3 针）。针上挂线后，将第 4 针锁针的上半针（1 根线）和里山挑起，织入第 1 针长针。然后按照同样的方法将上半针和里山挑起，继续编织长针。

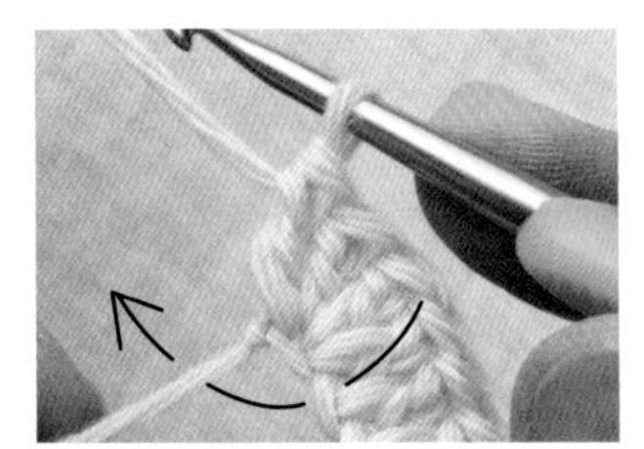

2 在起针起始的针目中织入 4 针长针。然后按照箭头所示插入钩针，将起针锁针的剩余半针（1 根线）挑起，包住线头的同时织入长针。

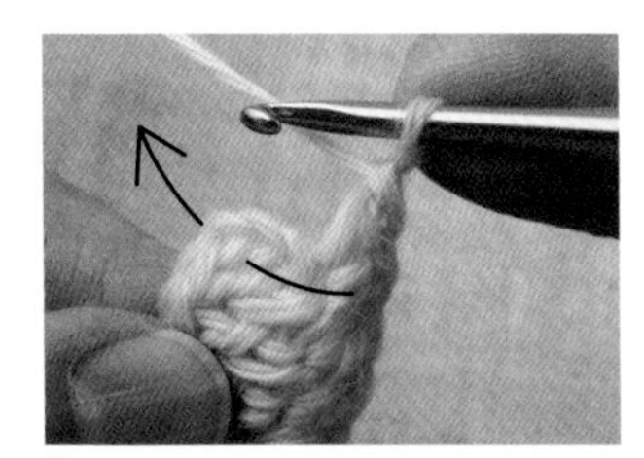

3 第 1 行最后，在立起的第 3 针锁针中织入引拔针。织片转到内侧，翻到反面，变换编织方向后编织 3 针立起的锁针。

4 编织第 2 行时，看着第 1 行的反面编织，最后在立起的第 3 针锁针中织入引拔针。每行都翻转织片，变换编织方向，如此编织成“圆环”。

3. 6. 9. 12. 14. 鞋子

[折翼拼接位置的确定方法]

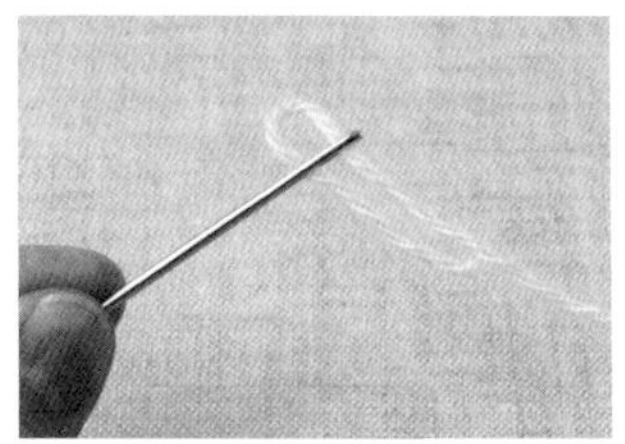

1 除去正在编织的线以外，我们将其他的线穿入缝纫针中，看得更清楚。

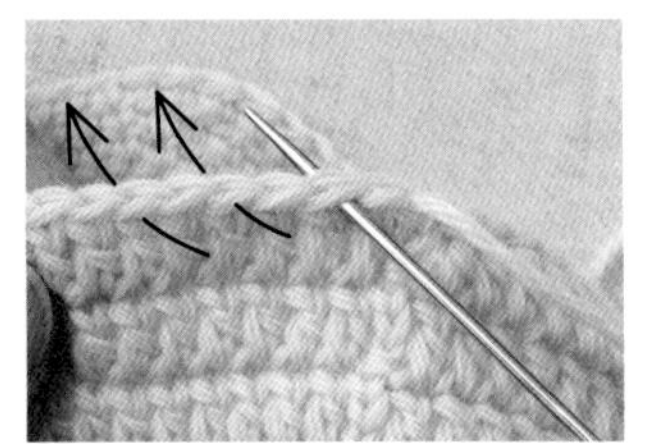

2 从内侧将缝纫针插入侧面第 3 行立起锁针的第 3 针中，然后按照箭头所示每隔 2 针将针目挑起穿入，如此重复 13 次。

3 这样一来，每隔两针就有一个印记，数针数时也比较方便。

4 在第 13 个线圈（含立起的锁针在内的第 27 针处）的短针头针处做标记。这里便是拼接折翼的位置。

[折翼第 1 行挑针的方法]

1 看着鞋子的外侧（正面），将钩针插入之前标记的短针的头针外侧半针中（1 根线），挂线后引拔抽出。

2 再次挂线后引拔抽出。这样线就连好了。

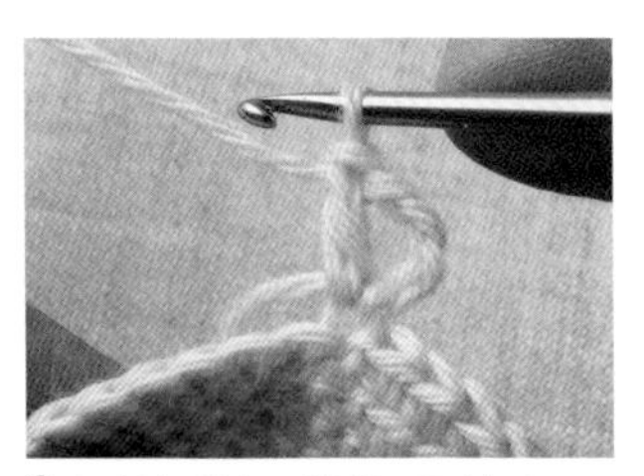

3 织片转到内侧,看着鞋子的内侧(反面)编织立起的锁针（3 针），在接线的同一个半针中再织入 1 针长针（编织长针时需包住线头）。

4 接着包住线头，在短针头针的内侧半针（1 根线）中编织下面的针目。编织至折翼第 1 行的终点处后如图所示。

[花边的编织发方法]

1 折翼的外侧（正面）置于内侧，拿好。将折翼第 1 行最后的长针完全挑起，引拔抽出线，再次挂线，拼接线。

2 接着折翼周围的花边，在侧面短针的头针（2 根线）中织入短针。※ 也有编织“短针 2 针并 1 针”的部分，要仔细查看记号!

3 继续编织侧面的花边，编织至折翼部分。编织折翼突出的针目时，需要在短针头针剩余的内侧半针中（1 根线）编织，除此以外均是在短针的头针（2 根线）中织入短针。

4 下面一行时，在侧面花边的每针短针中织入 1 针引拔针，如此编织一周。

1.4.8. 童帽

图片*1. …P4 4. …P8 8. …P9

●1.的材料

Hamanaka Cupid/ 6（本白）…35g

●4.的材料

Hamanaka Cupid/ 5（淡蓝色）…30g，1（白色）…10g

●8.的材料

Hamanaka Cupid/ 2（粉色）…40g

●针

Hamanaka AmiAmi两用钩针RakuRaku 5/0号

●标准织片

花样编织：26.5针 × 10行/10cm²

●成品尺寸

头围35cm，深15cm

●编织方法

1 编织背面

编织13针起针，参照记号图编织6行，剪断线。

2 编织侧面

在背面第6行的短针头针中拼接线，无加减针编织10行花样编织，再剪断线。

3 编织绳带穿入口，帽檐

在侧面第10行立起的针目中接线，编织3行绳带穿入口。用1针锁针和1针引拔针继续编织下一行，在两端减针，形成弧形。

4 编织头围的花边

从帽檐的编织终点处穿引线，然后再从绳带穿入口部分挑针，开始编织。看着反面编织1行短针，再看着正面编织1行短针。

5 编织帽檐的花边

接着头围的花边，看着正面编织。编织终点处在头围的花边中接线，处理好线头。

6 编织绳带

7 完成

穿入绳带后，作品1在绳带的顶端拼接花样，作品4拼接绒球。作品8重叠镶边后再穿入绳带，再在绳带的顶端拼接花样。

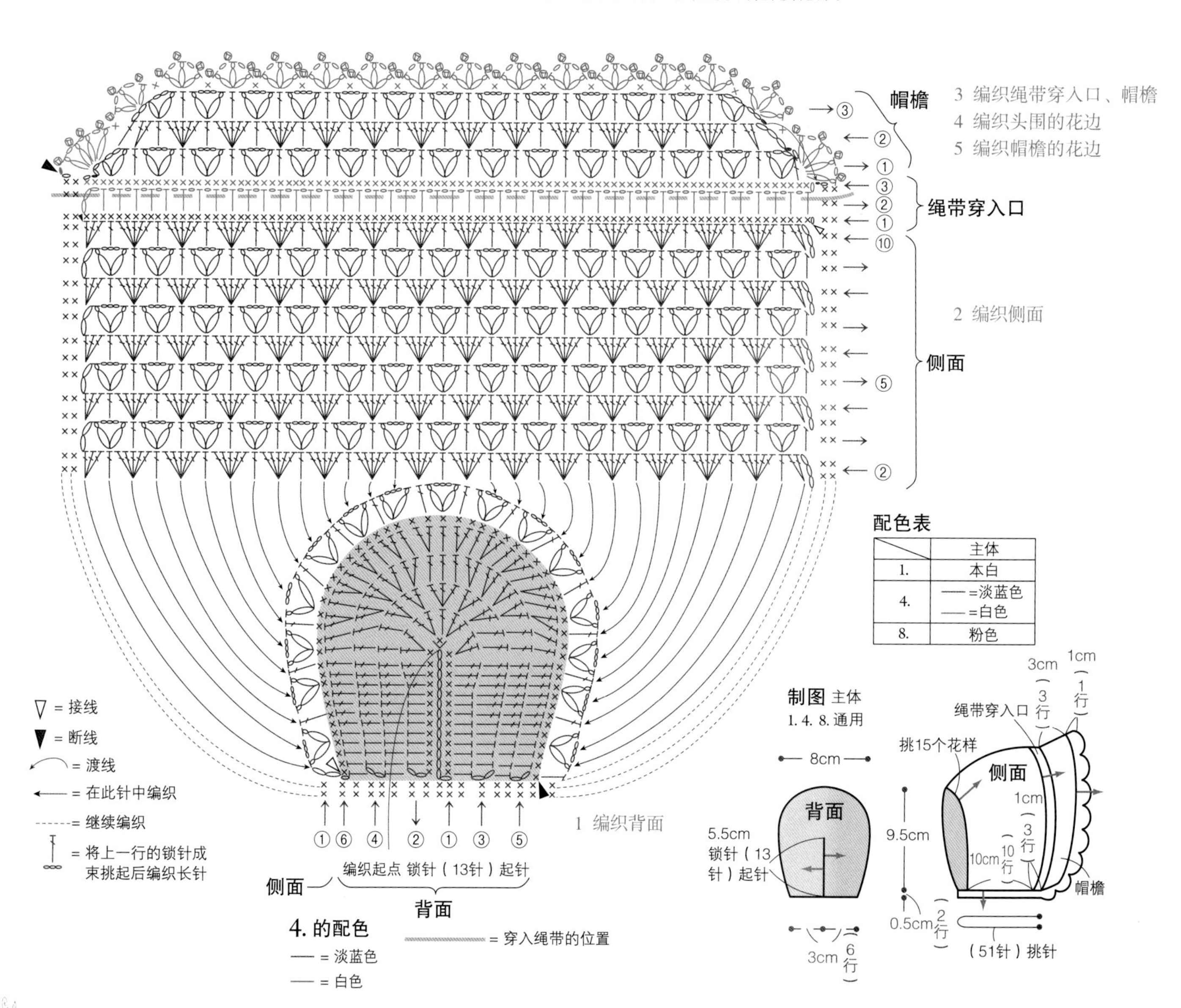

配色表

	主体
1.	本白
4.	——=淡蓝色 ——=白色
8.	粉色

6 编织绳带

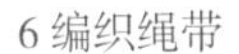

绳带

7 完成

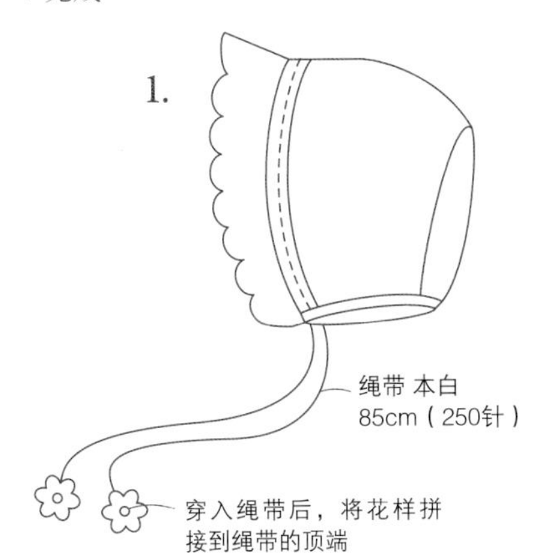

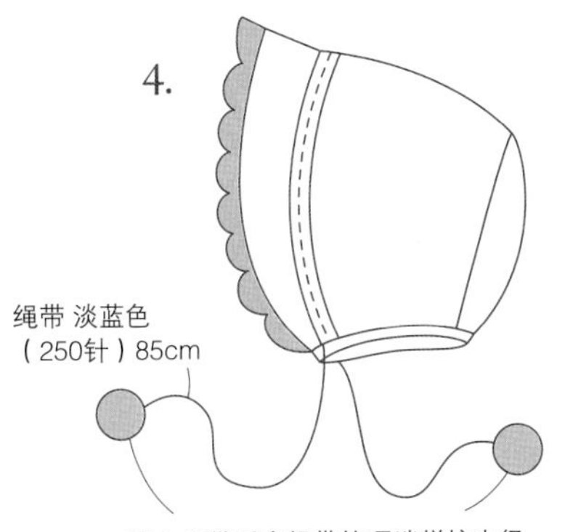

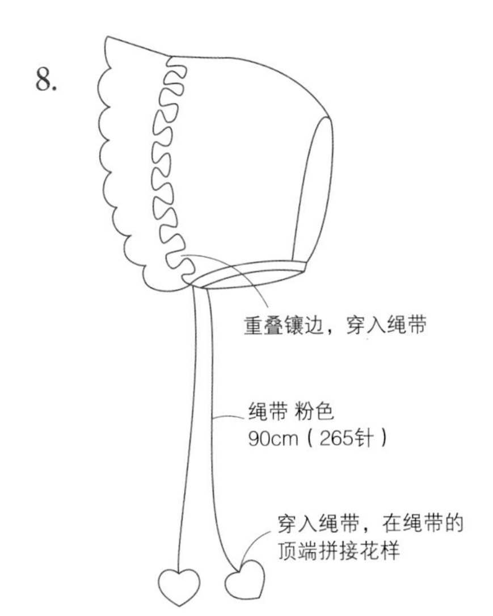

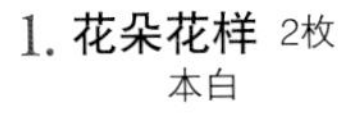

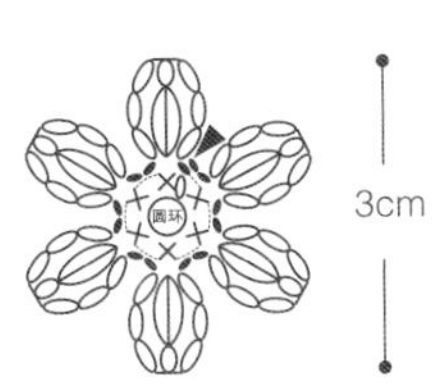

▼ = 断线

------ = 继续编织

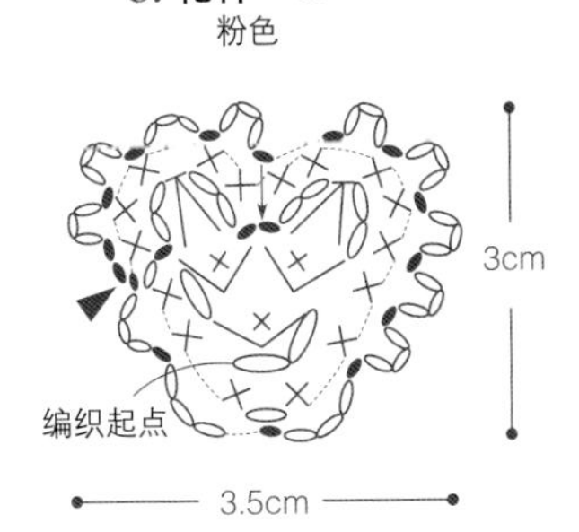

8. 的镶边

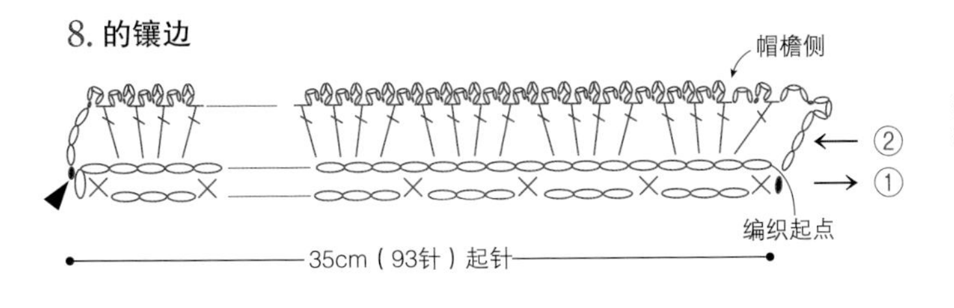

※将锁针的里山挑起后编织第1行短针

※重叠到童帽侧面的第16行，穿入绳带的同时完成拼接

8. 绳带的穿入方法

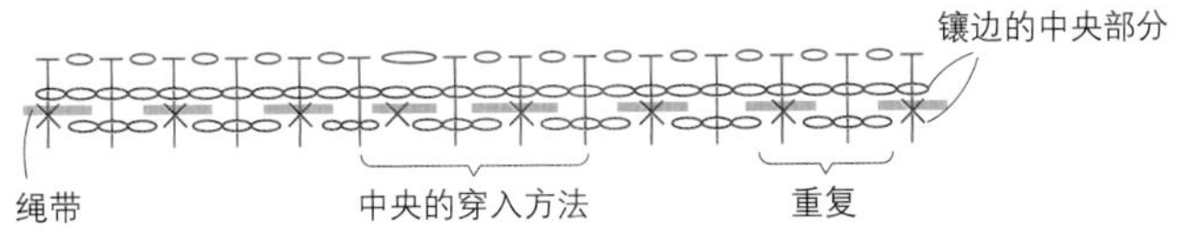

仅中央的穿入方法需要改变，左右两侧按同样的方法重复

镶边的完成方法

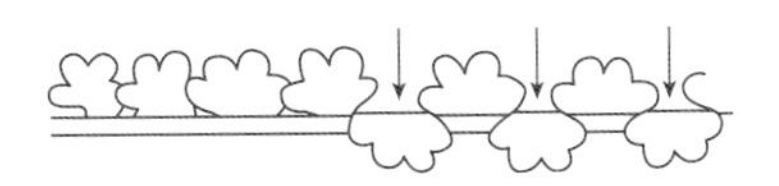

拼接到童帽上后用蒸汽熨斗熨烫，每隔1个花样放平帽檐，再整理形状

0~12 个月 · 男孩

童帽 · 手套 · 鞋子

Bonnet · Mittens · Shoes

可爱的设计以及恰到好处的清爽浅蓝色。
雪花一样的白色和绳带顶端的绒球是设计的亮点。

编织方法＊4.…P6 5.…P10 6.…P11

0~12 个月・女孩

童帽・手套・鞋子

Bonnet • Mittens • Shoes

7.

8.

充满质感的荷叶边和花样搭配，相当可爱的女孩套装。童帽的荷叶边在穿绳带的时候与另外编织的镶边重叠拼接。

编织方法＊7.…P10　8.…P6　9.…P11

9.

2.5.7. 手套

图片*2. …P4 5. …P8 7. …P9

●2.的材料

Hamanaka Cupid/ 6（本白）…15g

松紧编织线…50cm

●5.的材料

Hamanaka Cupid/ 5（淡蓝色）…15g，1（白色）…5g

松紧编织线……50cm

7.的材料

Hamanaka Cupid/ 2（粉色）…15g

松紧编织线…50cm

●针

Hamanaka AmiAmi两用钩针RakuRaku 5/0号、4/0号

●标准织片

花样编织：22针 × 11行/10cm²

●成品尺寸

宽6.5cm，长11.5cm

●编织方法

※仅松紧编织线用4/0号钩针，其他部分均用5/0号钩针。

1 编织主体

编织9针锁针，编织第1行时，从锁针的两侧挑起，交替看着正、反面，编织成“圆环”。无加针编织至第3行，4~11行无加减针编织，完成后剪断线。

2 编织花边

在主体的最终行拼接线，看着正面，编织1行花边。

3 编织绳带

4 穿入绳带

将第10行的长针挑起，穿入绳带。

5 用松紧编织线编织引拔针

将主体第10行反面的1根线挑起，用松紧编织线编织引拔针（参照P19）。

制图 手套主体

2. 5. 7. 通用

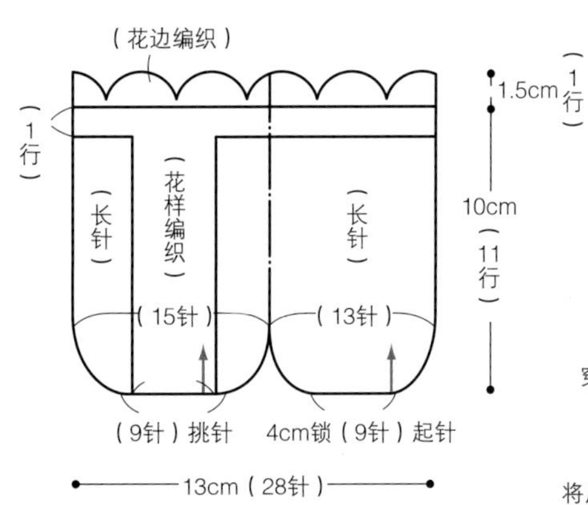

配色表

	主体	绳带
2.	本白	本白
5.	——=淡蓝色 ——=白色	淡蓝色
7.	粉色	粉色

4 穿入绳带

5 用松紧编织线编织引拔针

2 编织花边

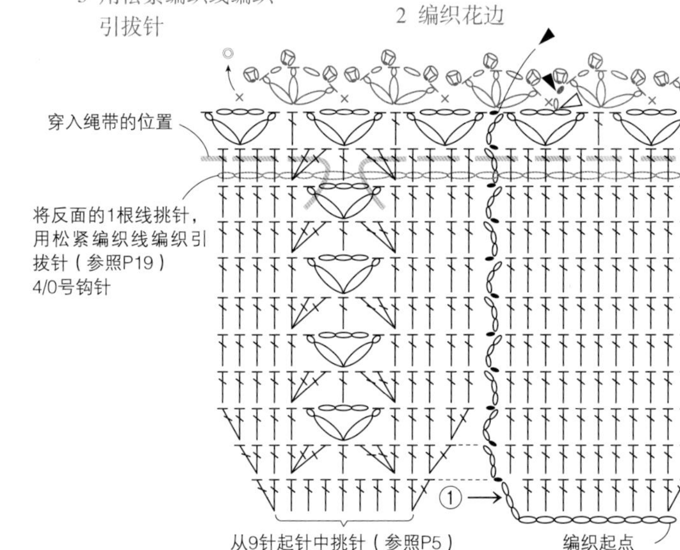

1 编织主体

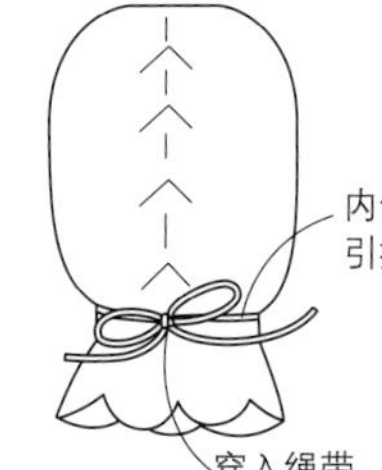

5. 的配色 —— = 淡蓝色

—— = 白色

3 编织绳带

绳带

5/0号钩针

30cm（90针）

6.6.9. 鞋子

图片*3. …P4 6. …P8 9. …P9

●3.的材料

Hamanaka Cupid/ 6（本白）…20g

●6.的材料

Hamanaka Cupid/ 5（淡蓝色）…15g，1（白色）…5g

●9.的材料

Hamanaka Cupid/ 2（粉色）…20g

●针

Hamanaka AmiAmi两用钩针 RakuRaku 5/0号

●标准织片

长针编织：22针 × 11行/10cm²

花样编织：26.5针 × 10行/10cm²

●成品尺寸

参照图

●编织方法

※3.9.用1种颜色，6.的主体用淡蓝色编织，花边用白色编织。

1 编织底面、侧面

锁针12针起针，第1行从锁针的两侧挑针，编织成“圆环”。编织至第3行，形成底面。侧面第1行内侧形成条纹状，将外侧的半针挑起，侧面编织3行后再剪断线。

2 编织折翼（参照P5）

将线拼接到侧面的第3行，编织5行折翼。

3 编织折翼和侧面的花边（参照P5）

将线拼接到侧面的第1行，从折翼周围接着侧面编织1行花边。然后用引拔针编织1圈侧面，剪断线。

4 完成

在花边第1行的3个位置缝上折翼。编织绳带，拼接附属品，完成。

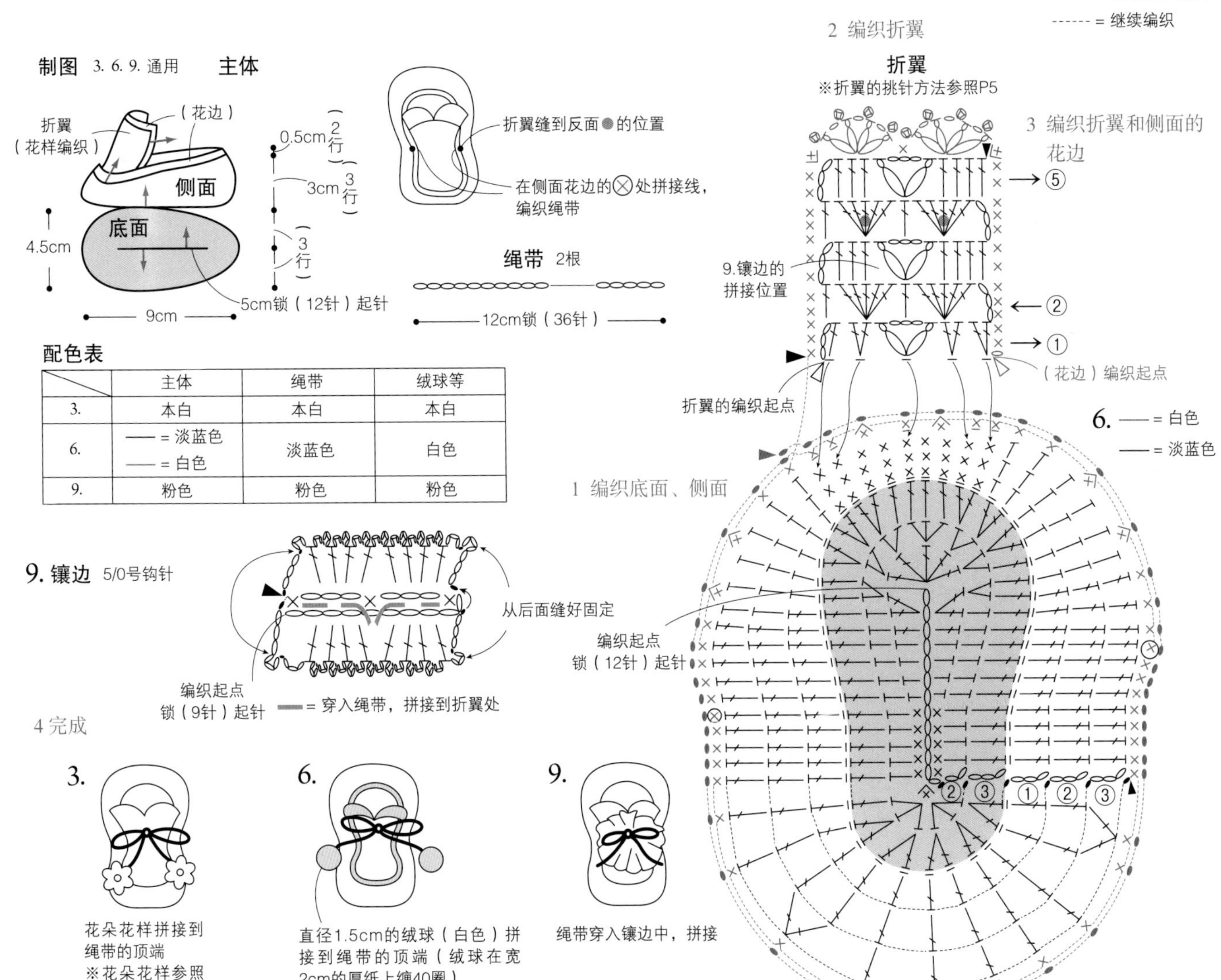

配色表

	主体	绳带	绒球等
3.	本白	本白	本白
6.	—— = 淡蓝色 —— = 白色	淡蓝色	白色
9.	粉色	粉色	粉色

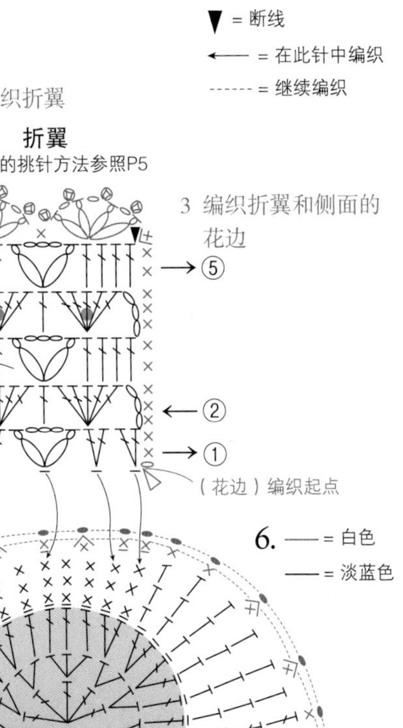

Part.2

0~12 个月 · 男孩 & 女孩

庆典礼裙 · 鞋子

Ceremony dress · Shoes

10.

在特别的日子里，让宝宝穿上事先准备好的庆典礼裙，与 P4 的童帽、手套、鞋子组合，绝对华丽漂亮的搭配。

编织方法 * 10. …P14　鞋子 → 参照 P4

变化花样 …*a*

蝴蝶兰花样带来春天般的气息。在绳带的末端变换花样，有一种别样的乐趣。

编织方法→ P23

 ※ 为了更加直观明了，解说图中使用了不同颜色的线

10.11.13.15.16. 庆典礼裙

[肩部的订合方法…锁针订缝]

1 前后肩部正面相对合拢。订缝肩部时，可以用之前剩余的线头（约40cm）。

2 将钩针插入内侧织片顶端的头针（2根线）中挑起，然后再在外侧织片的统一位置中插入针，挂线。

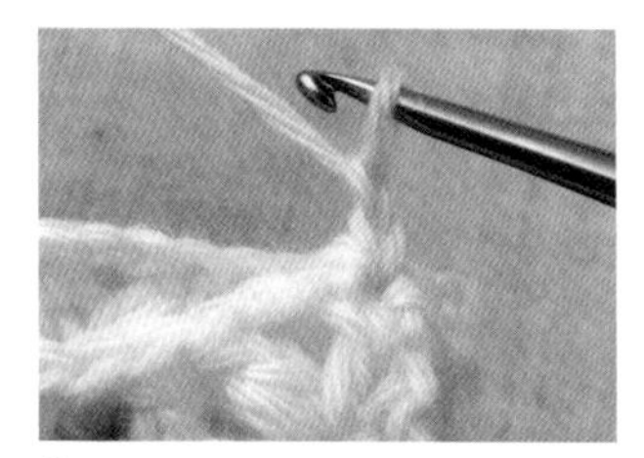

3 抽出线，再次在针上挂线，抽出后再拼接线（如果没有线头，可以按照此方法接入新线）。编织2针锁针。※ 编织完1针锁针后如图所示。

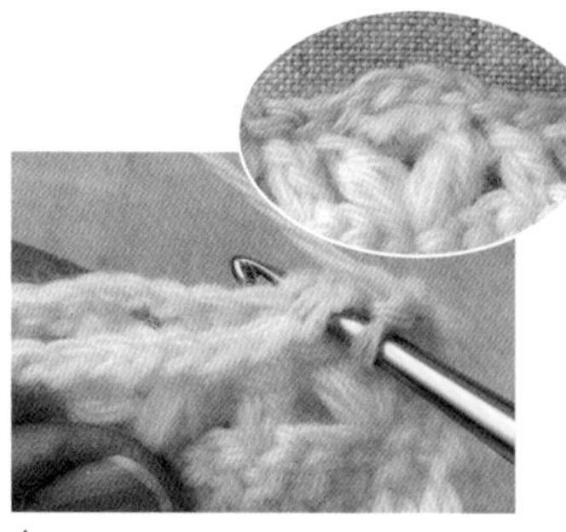

4 内侧与外侧织片的长针与变化枣形针的头针与头针处，将2根线挑起，织入引拔针。在锁针部分织入相同针数的锁针。用锁针订缝完成后如图所示。

[袖下的接缝方法…锁针接缝]

1 袖子正面相对合拢折叠
※ 判断正面与反面时，只需看看花边就可以，非常简单。若花边的头针部分如图所示，此织片的内侧便是正面。

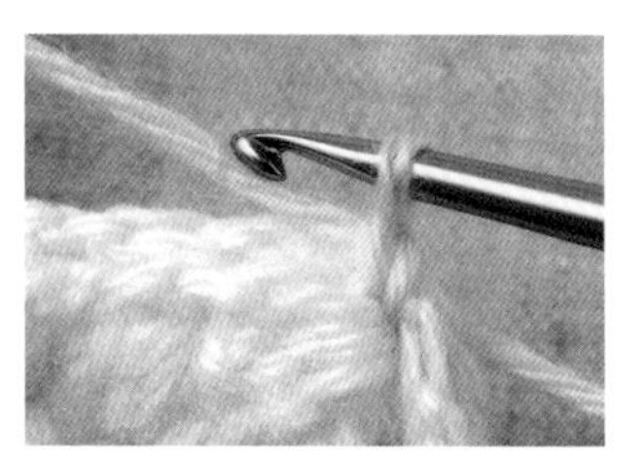

2 钩针插入袖山最后针目的头针（袖下第1行的尾针部分）中，抽出线。再次在针上挂线，抽出后再拼接线。

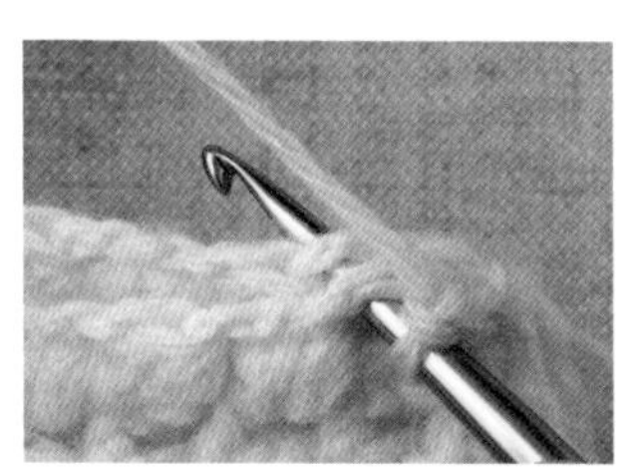

3 编织2针锁针，然后将钩针插入下面顶端针目的头针与头针中，编织引拔针。

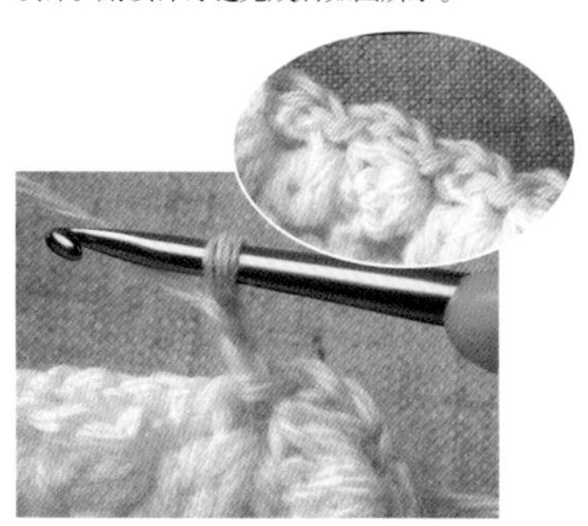

4 重复编织“2针锁针，再在下面顶端针目的头针中编织引拔针”。锁针接缝完成后如右上图所示。

[拼接袖子的方法]

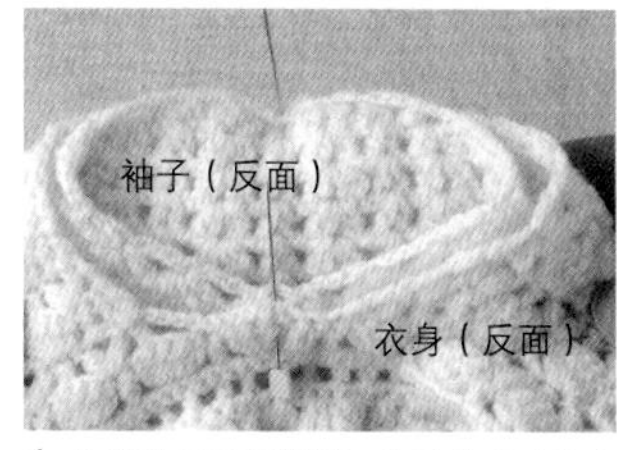

1 衣身的反面朝外侧，袖子的反面朝内侧，再放入衣身的内侧。袖山和衣身的肩线、袖下和衣身两侧的2个位置用珠针固定，其间再用珠针在数个位置固定。

2 在衣身侧的最后针目中插入钩针，袖子部分仅是将钩针插入袖下左右的针目中。拼接线，编织1针引拔针。

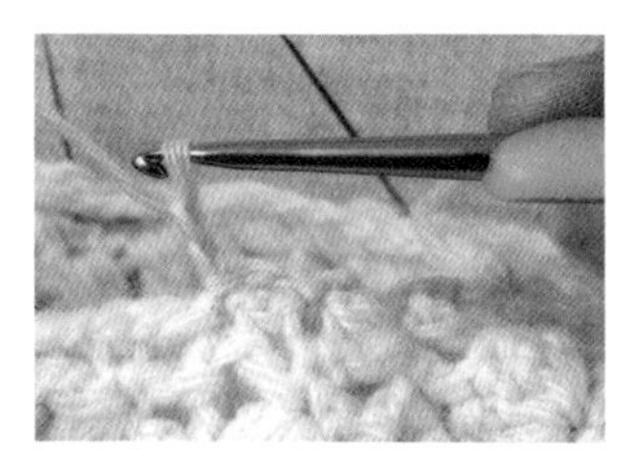

3 按照“袖下的锁针接缝”的相同要领，将钩针插入衣身顶端针目的头针与锁针中，重复编织锁针和引拔针。袖子侧插入钩针的位置成延续状。

4 最后，将钩针插入第一个针目中，引拔抽出线。抽出线后在8cm左右的地方剪断线，从线圈中穿出，处理好线头。

10. 庆典礼裙

[拼接镶边的方法]

1 镶边和绳带另外编织。绳带穿入粗缝纫针中，从反面向内侧将针穿到裙子前襟的“边缘”。再从内侧将钩针插入镶边顶端的空隙处。

2 接着，将裙子中长针尾针的2根线挑起，从镶边下一针的空隙穿出针。

3 “从正面将钩针插入镶边下面的空隙中，将裙子针目的2根线挑起，再从镶边的下一个空隙正面穿出针”，如此重复。

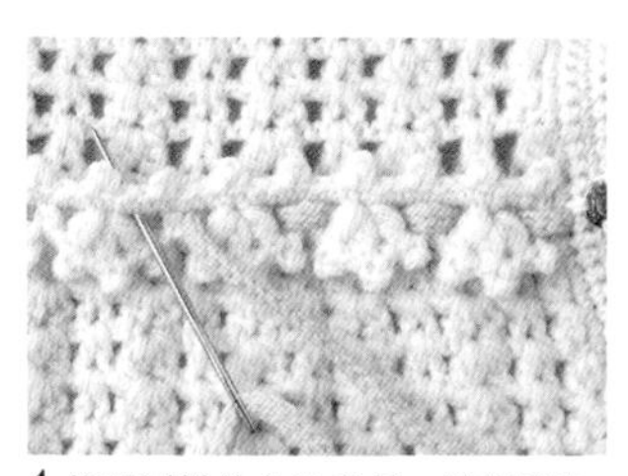

4 按照同样的方法重复，拼接镶边。
※ 绳带顶端的处理方法参照P22。

10.11.13.15.16. 庆典礼裙

图片*10. …P12 11. …P16 13. …P17 15. …P20 16. …P21

●10.的材料

Hamanaka Cupid/ 6（本白）…350g

直径1.2cm的纽扣…8颗

子母扣…8对

松紧编织线…180cm

●11.的材料

Hamanaka Cupid/ 1（白色）…350g

宽0.6cm的缎纹丝带（白色）…276cm

直径1.2cm的纽扣…8颗

子母扣…8对

●13.的材料

Hamanaka Cupid/ 1（白色）…320g

宽0.6cm的缎纹丝带（白色）…316cm

直径3mm的珍珠串珠…16颗

直径1.2cm的纽扣…8颗

子母扣…8对

●15.的材料

Hamanaka Cupid/ 2（粉色）…320g

直径1.2cm的纽扣…8颗

子母扣…8对

松紧编织线…180cm

●16.的材料

Hamanaka Cupid/ 5（淡蓝色）…260g，

1（白色）…66g

直径1.2cm的纽扣…8颗

子母扣…8组

松紧编织线…180cm

●针

Hamanaka AmiAmi 两用钩针RakuRaku

5/0号、4/0号

●标准织片

花样编织A：26.5针 × 10行/10cm²

花样编织C：26针 × 11行/10cm²

●成品尺寸

胸围无限定，肩宽21cm，衣长59.5cm，

袖长25cm

●编织方法

※仅袖口的松紧编织线用4/0号钩针，其他部分都用5/0号钩针编织。

1 编织育克

将锁针的里山挑起编织第1行，参照记号图，依次编织左前育克、后面育克、右前育克。

2 编织前后身片

从育克开始逆向挑针，再接着编织前后身片。从育克转换位置花样编织B开始加针，变换成花样编织C，再无加减针编织30行，编织荷叶边转换线花样编织B，进行加针，接着编织荷叶边。之后接着荷叶边编织花边A，完成后休针。

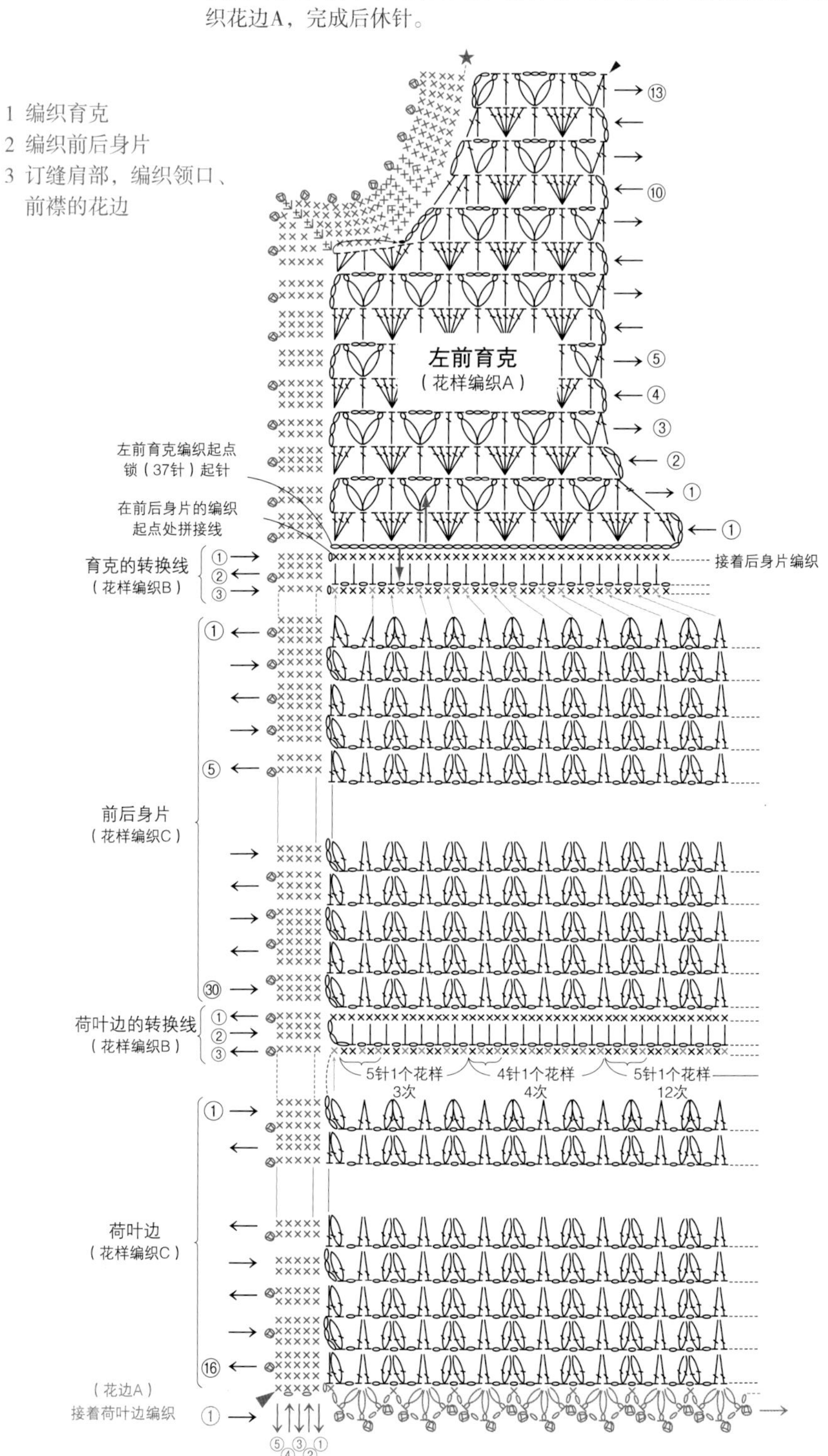

▼ = 断线

------ = 继续编织

—— = 重复编织

⌒ = 渡线

× = （花样编织C）在×处的短针中编织

= 将上一行的长针与长针间的部分成束挑起后编织

3 订缝肩部，编织领口、前襟的花边

用锁针订缝的方法订缝肩部（参照P13），之前休针处的线接着花边A，再编织5行花边B。

4 编织袖子，拼接到衣身上

袖子部分在袖山处起针，左右加针编织。袖子用锁针接缝（参照P13），再用锁针接缝到衣身处（参照P13）。

5 缝子母扣，纽扣

纽扣缝到外襟处，在前襟的8个地方拼接子母扣。

6 装饰转换线，完成

按照P22的图示方法用绳带和丝带进行装饰，花样和绒球拼接到丝带的顶端。

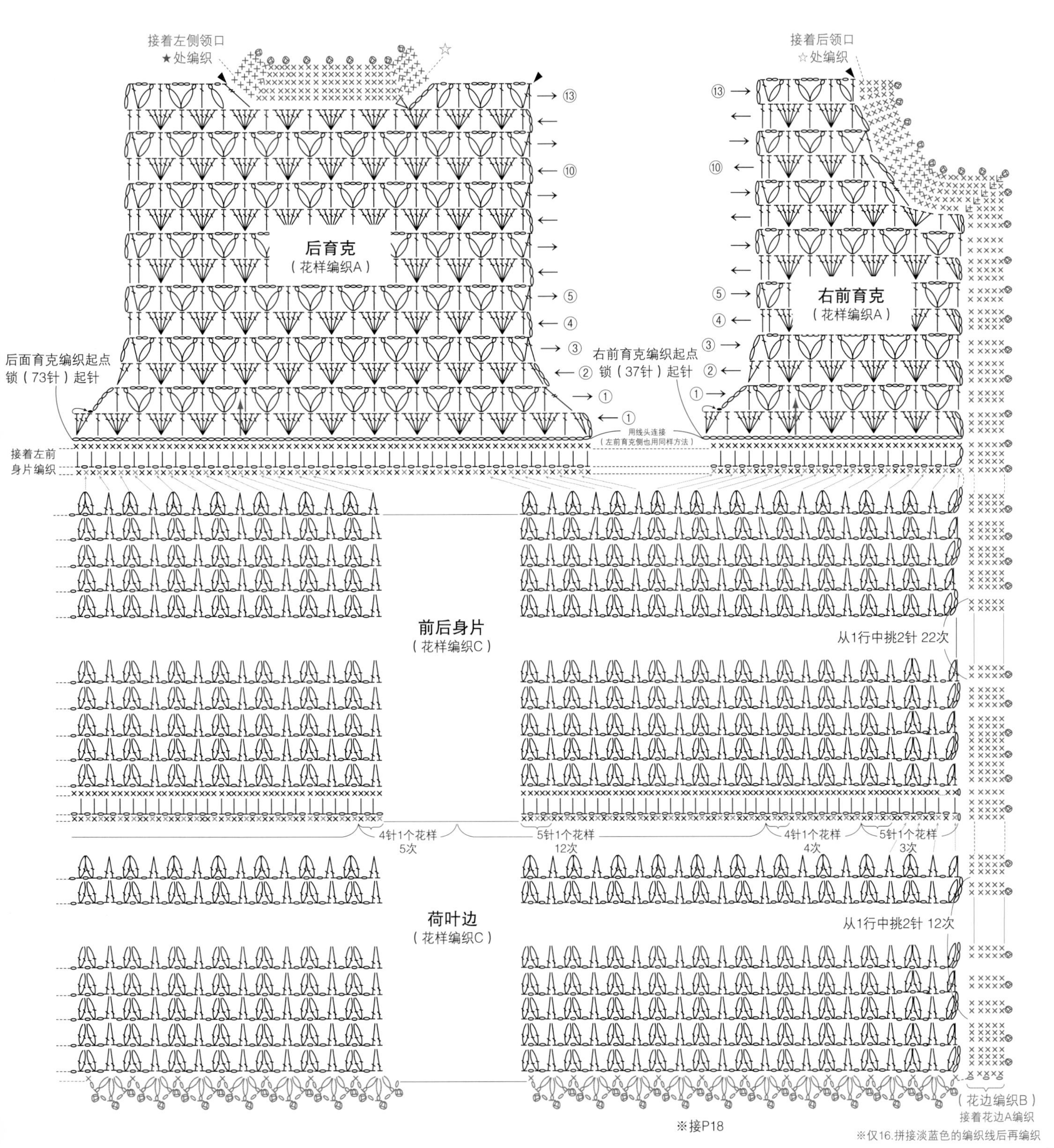

※接P18

0~12个月·女孩

庆典礼裙·鞋子

Ceremony dress · Shoes

浪漫的纯白色，漂亮恬静。庆典礼裙和鞋子对于妈妈来说都是能承载记忆的物品哦。

编织方法＊11.…P14 12.…P23

11.

12.

变化花样 …*b*

变换的枣形针花样编织蓬松可爱。

编织方法→ P23

0~12个月・男孩

庆典礼裙・鞋子

Ceremony dress・Shoes

男孩的礼裙中加入了星星花样，摇曳闪耀。前方又会有什么样的梦想未来等着他成长呢？

编织方法＊13.…P14　14.…P23

13.

14.

变化花样 …C

微风中摇曳的小铃兰花样。

编织方法→ P23

※接P15

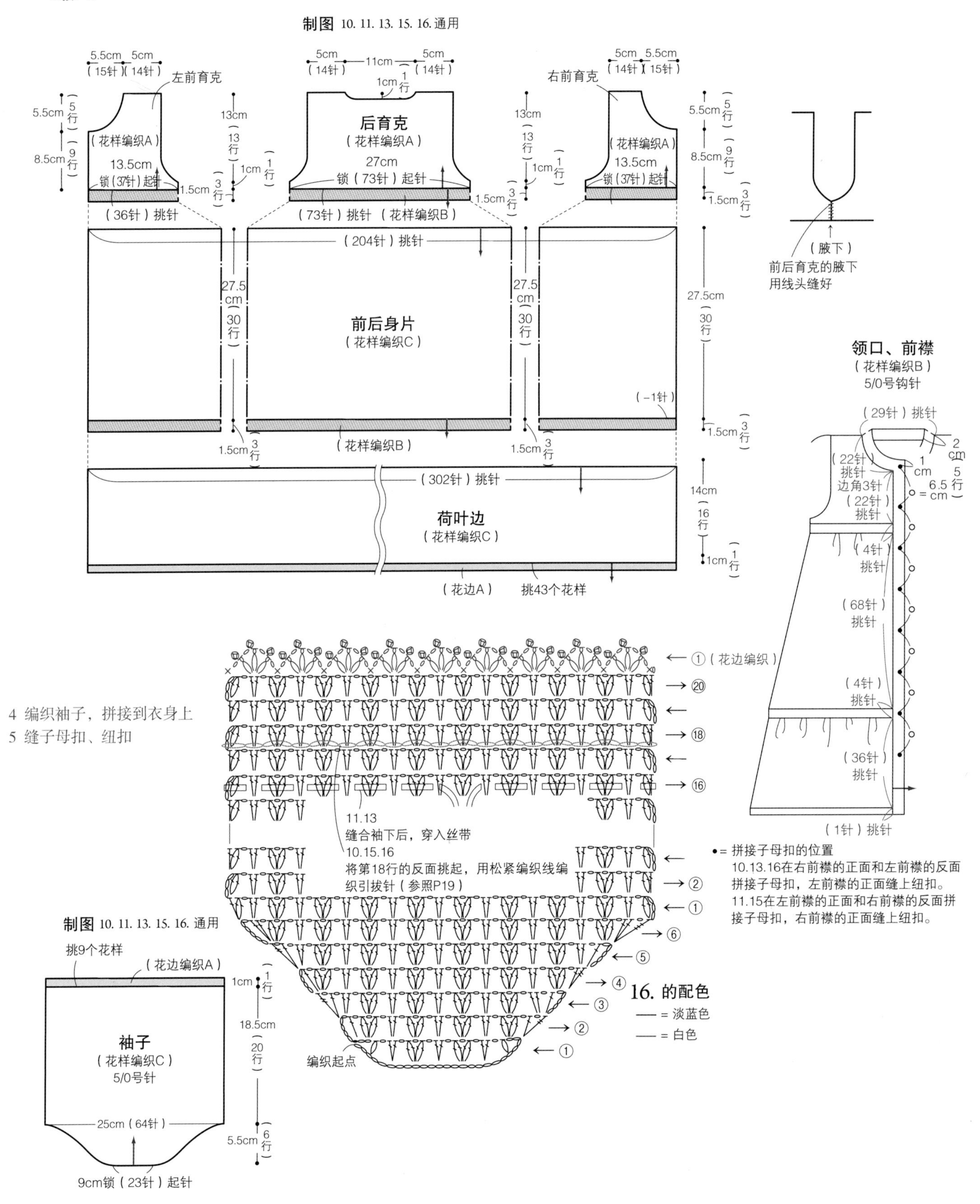

4 编织袖子，拼接到衣身上

5 缝子母扣、纽扣

●＝拼接子母扣的位置

10.13.16在右前襟的正面和左前襟的反面拼接子母扣，左前襟的正面缝上纽扣。

11.15在左前襟的正面和右前襟的反面拼接子母扣，右前襟的正面缝上纽扣。

16. 的配色

—— ＝淡蓝色

—— ＝白色

育克转换线处
穿入丝带、绳带的位置

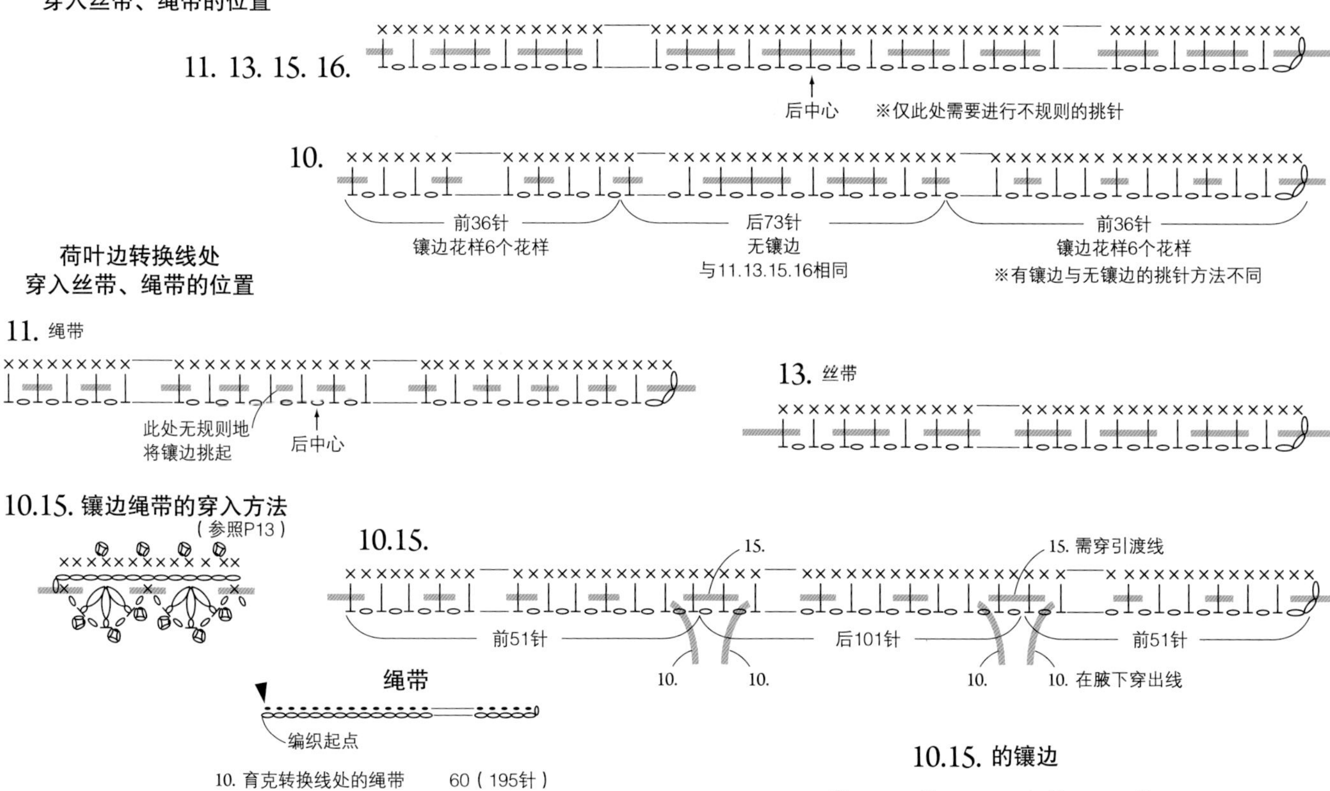

10. 育克转换线处的绳带　60（195针）
　荷叶边转换线处的绳带　前45cm（145针）2根
　后90cm（285针）

15. 育克转换线处的绳带　100cm（300针）
　荷叶边转换线处的绳带　90cm（270针）

16. 育克转换线处的绳带　100cm（300针）

10. 育克转换线处的镶边　前面2根 15cm 锁针（37针）
　荷叶边转换线处的镶边　83cm 锁针（199针）

15. 育克转换线处的镶边　83cm（199针）
　领口的镶边　34cm 锁针（85针）

11. 的镶边

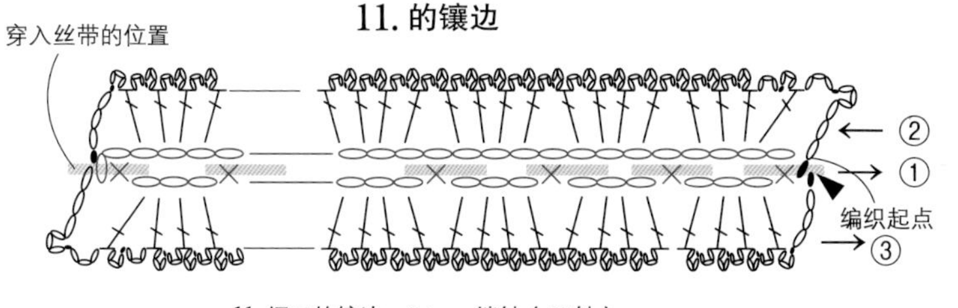

11. 领口的镶边　34cm 锁针（89针）
　荷叶边转换线处的镶边　78cm 锁针（205针）

※接P.22

[袖子松紧编织线的编织方法]

1 织片的反面置于内侧，钩针插入拼接松紧编织线一行尾针的2两根线中，按照引拔针的要领编织。

2 下面的针目也是按照同样的方法，将钩针插入尾针的2根线中，按照引拔针的要领编织。

3 松紧编织线不要拉得太紧，保持适当的松弛度再编织引拔针。

4 注意行与行之间不要错开，继续编织。

0~12 个月 · 女孩

庆典礼裙 · 鞋子

Ceremony dress · Shoes

15.

甜美的粉色充满幸福感。
一下子就变身优雅的小公主。
绳带的顶端还有可爱的心形花样！
推荐与 P9 的款式搭配。

编织方法 * 15. …P14 鞋子→参照 P9

变化花样 …*d*

不论与什么样式搭配都非常漂亮的人气花朵花样。

编织方法→ P23

0~12 个月 · 男孩

庆典礼裙 · 鞋子

Ceremony dress · Shoes

16.

男孩子也可以拥有这样一件清爽的淡蓝色裙子。
简洁的设计，
是每个人都爱它的理由。

编织方法 * 16. …P14　鞋子→参照 P8

变化花样 …*e*

绒球也可以换成可爱的小鸭子。

编织方法→ P23

※接P.19

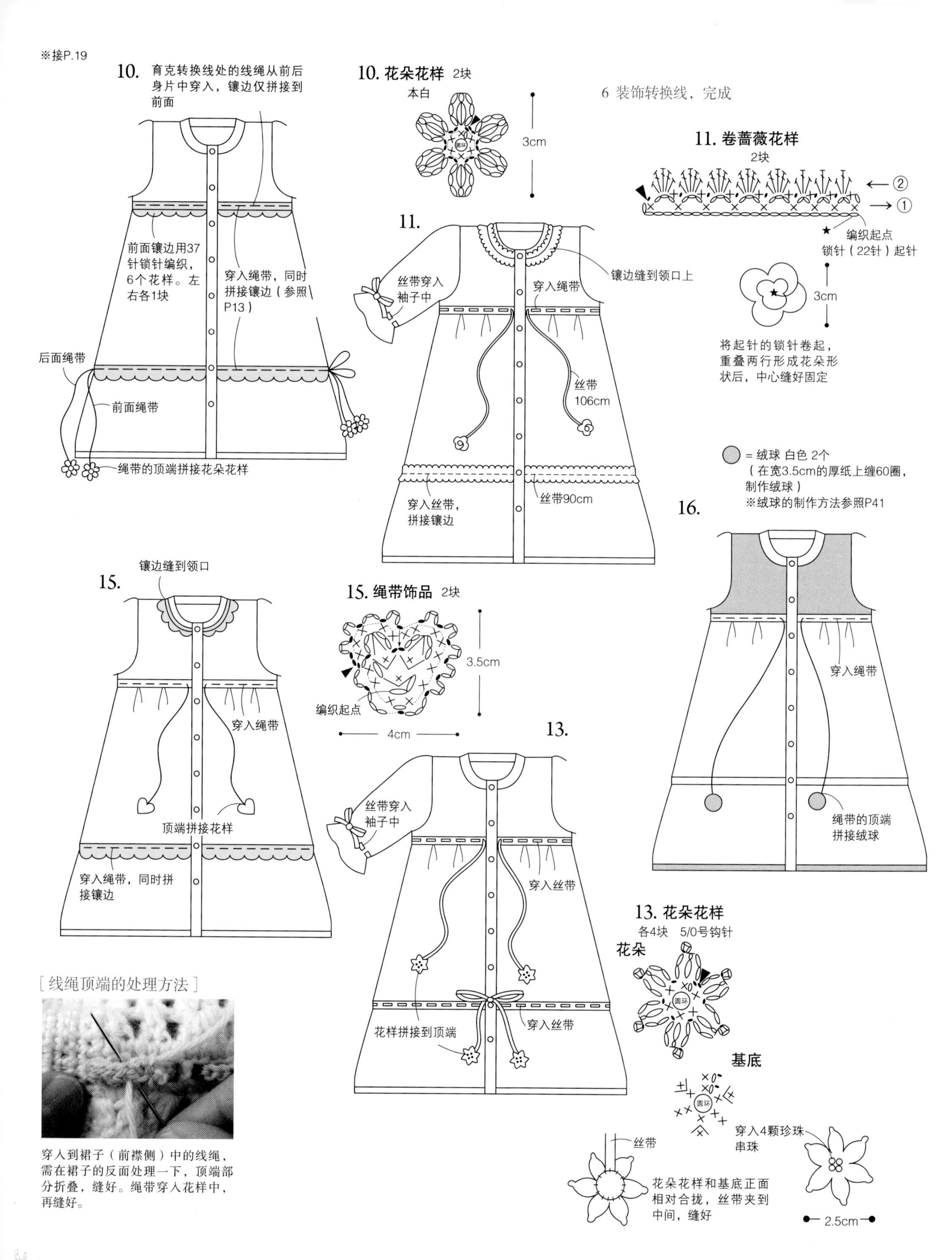

穿入到裙子（前襟侧）中的线绳，需在裙子的反面处理一下，顶端部分折叠，缝好。绳带穿入花样中，再缝好。

a. b. c. d. e. 变化花样

图片* a.…P12 b.…P16 c.…P17 d.…P20 e.…P21

●a.的材料
Hamanaka Cupid/ 1（白色）…少许

●b.的材料
Hamanaka Cupid/ 1（白色）…2g
宽0.6cm的丝带…40cm

●c.的材料
Hamanaka Cupid/ 1（白色）…少许

●d.的材料
Hamanaka Cupid/ 2（粉色）…2g

●e.的材料
Hamanaka Cupid/ 1（白色）…2g，
5（淡蓝色）…少许
Hamanaka 有机棉…少许

●针
HamanakaAmiAmi两用钩针RakuRaku 5/0号

●成品尺寸
参照图

●编织方法
参照图

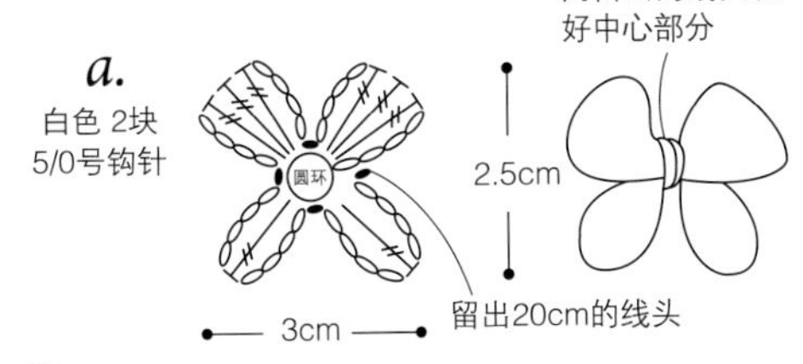

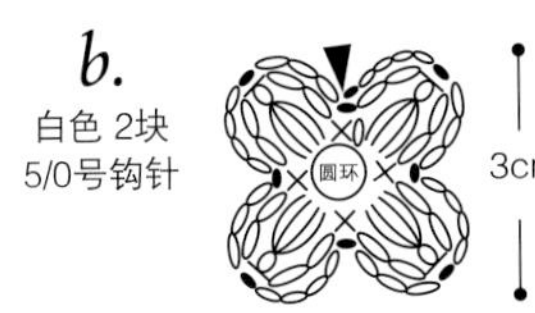

c.
白色 2块
5/0号钩针

⑦ ⑥ ⑤ ④ ③ ②

▬ = 将上一行头针的半侧半针挑起，编织引拔针
※在第6行的内侧编织第7行

穿入丝带
打结固定
丝带

d.
粉色 2块
5/0号钩针

第1~3行
◎此处接着编织
圆环
3.5cm

在第1行中编织第4行
◎此处接着编织
第1行

e.
白色 2块
5/0号钩针

内侧
圆环
3cm
3cm
缠两圈的法式结粒绣针迹，淡蓝色
平式花瓣绣针迹，淡蓝色

外侧
圆环
外侧周围与内侧正面相对合拢，重叠后再编织，中间塞入少许棉花

= 在上一行的1个针目中织入"1针短针、锁针3针的小链针、1针短针"

12.14. 鞋子

图片*12.…P16 14.…P17

●12.的材料
Hamanaka Cupid/ 1（白色）…20g
宽0.6cm的平纹松紧带…10cm

●14.的材料
Hamanaka Cupid/ 1（白色）…20g
直径3mm的珍珠串珠（白色）…12颗
宽0.6cm的丝带…40cm

●针
Hamanaka AmiAmi两用钩针RakuRaku 5/0号

●标准织片
长针编织：22针 × 11行 /10cm²
花样编织：26.5针 × 10行 /10cm²

●成品尺寸
参照图

●编织方法
1~3
参照P11的3.6.9.，按照同样的方法编织
4 拼接装饰品，完成
12.中用5cm的平纹松紧带代替绳带，穿入缝好。卷蔷薇花样与叶子的饰花制作2个，缝到平纹松紧带中央。
14.中用丝带代替绳带，缝好。丝带的顶端缝上花样。

1~3（参照P11）
4 拼接装饰品，完成

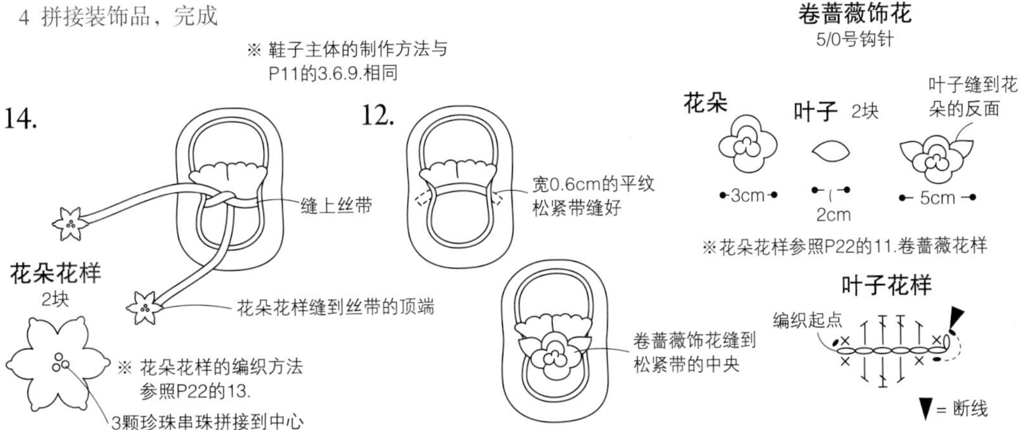

Part.3

0~12 个月 · 男孩 & 女孩

衬袄 · 围兜

Undergarment · Bib

可以很快穿好的衬袄，保暖又舒适。
与时尚的围兜搭配后，外出时的心情也格外愉悦。

编织方法 * 17. …P30　18. …P26

变换颜色

女孩子用的围兜上加入了
粉色的花朵花样。

编织方法→ P30

19.

Part.3 重点步骤解说

※ 为了更加直观明了，解说图中使用了不同颜色的线

18.22.24. 衬袄

［绳带的拼接方法］

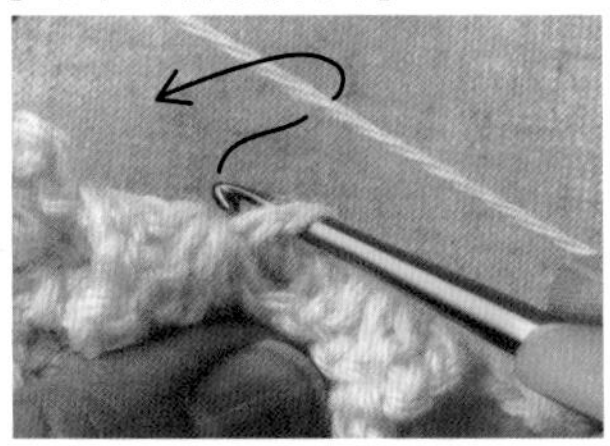

1 插入钩针，将衬袄绳带拼接位置的 2 根线挑起，针上挂线后抽出，然后再次在针上挂线，抽出后接着拼接线。

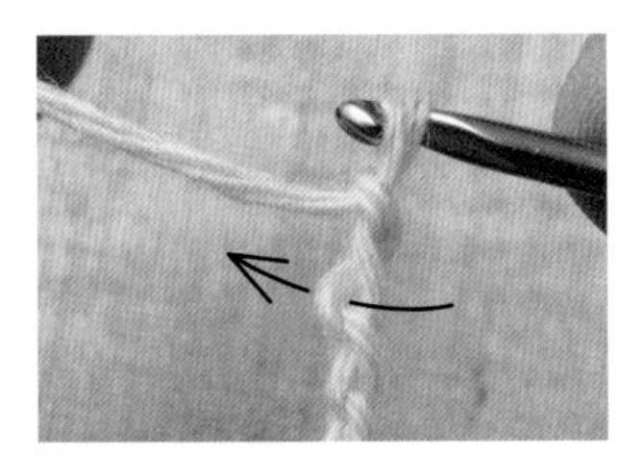

2 编织 60 针锁针。再多编织 1 针锁针，按照箭头所示将钩针插入锁针的里山中，织入引拔针。

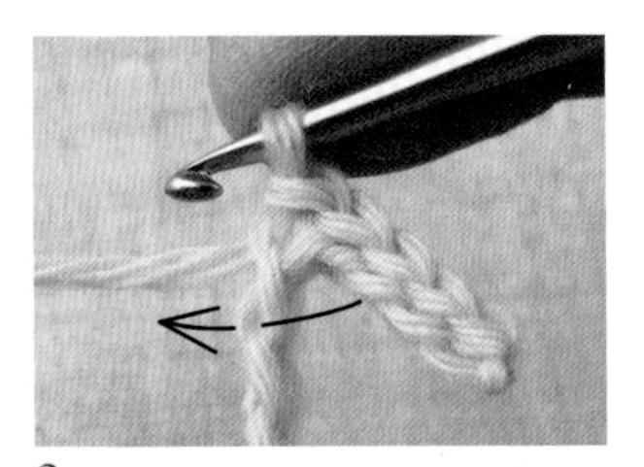

3 在每针锁针中各织入 1 针引拔针。

4 编织至起始锁针的里山处，剪断线后从线圈中引拔抽出。线头从缝纫针中穿过，藏到织片中，处理好线头。

17.19.20.21.23. 围兜

［下摆弧线的编织方法］

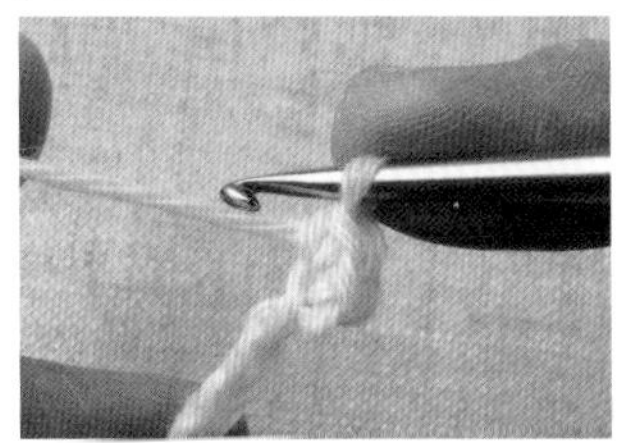

1 将锁针的里山挑起后编织第 1 行。顶端的 2 针短针按普通的方法编织。

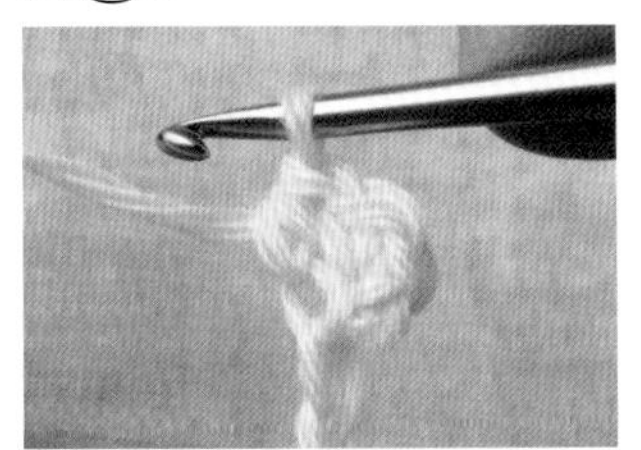

2 中长针也按普通的方法编织。

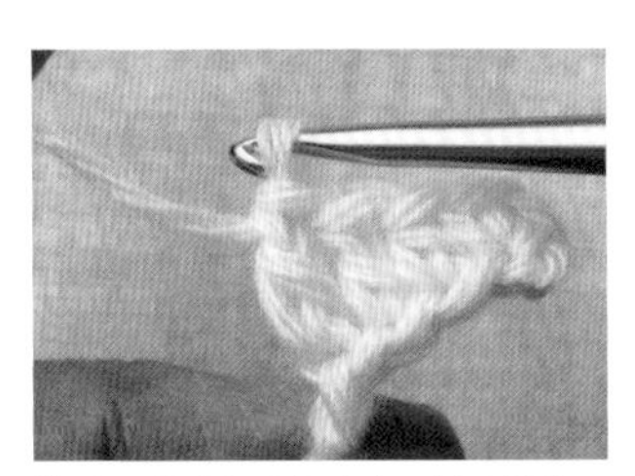

3 最开始较短的长针中，抽出线的一侧稍微短小一些。编织下面的长针时也刻意的小一些。

4 再下面的长针按照普通的方法编织。即便是同一种记号，抽出线的方法不同，针目的高度也会有所不同，呈现出弧度。左端也按同样的要领编织，之后都是一边加针一边按照普通的方法编织每行。

［花边的编织方法］

1 稍后会编织到折翼，花边需接着折翼的最终行编织。针上挂线，先编织立起的锁针（1 针）。

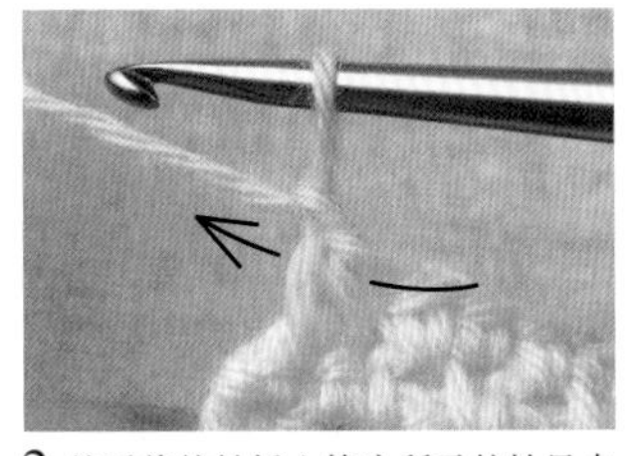

2 然后将钩针插入箭头所示的针目中（折翼的最后一针），编织短针。※ 解说图中变换了线的颜色，更清晰明了。

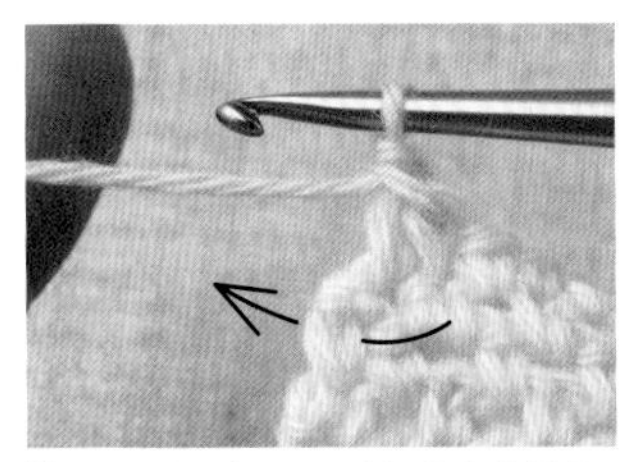

3 接着将主体的短针部分成束挑起，编织 1 针短针。

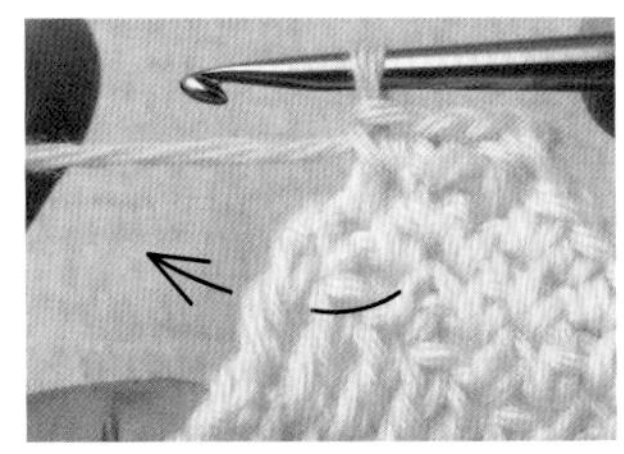

4 长针和锁针 3 针的立起部分也成束挑起，编织 2~3 针（指定针数）短针。

20. 围兜

［狮子鬃毛的拼接方法］

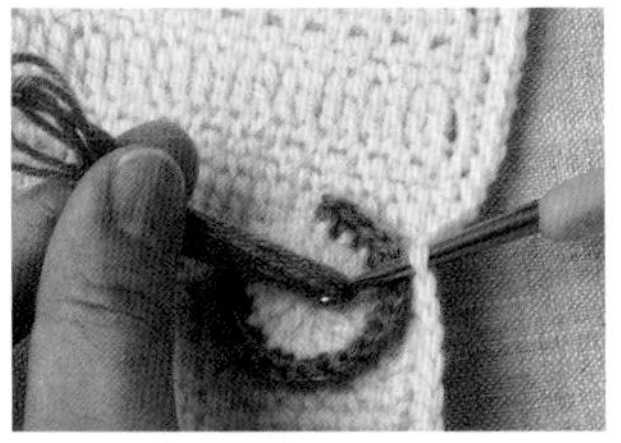

1 留出 60cm 的线，剪断，重复 3 次“从中间对折”。然后从织片的反面插入针，从正面穿出。在第 3 次折叠线的位置挂针，线圈从反面抽出。

2 手指穿入引拔抽出的针目中，捏住线头，抽出。拉动线，收紧线圈。

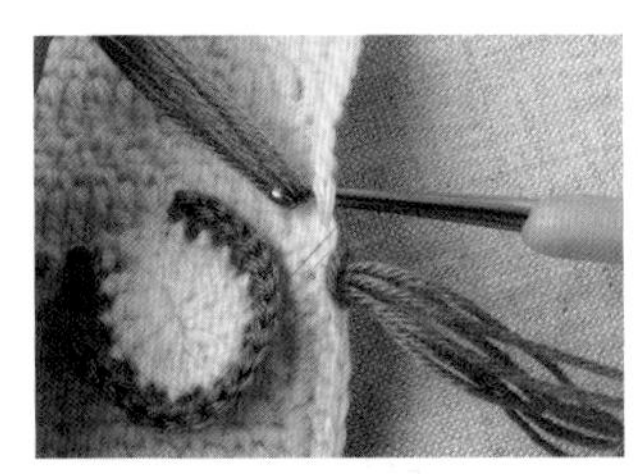

3 按照步骤 1、步骤 2 的要领，将鬃毛拼接到指定的位置。

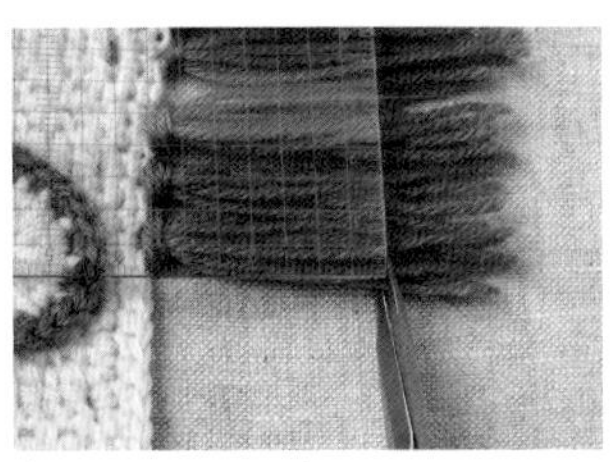

4 所有鬃毛拼接完成后，将顶端的“圆环”剪开。用蒸汽熨斗熨烫线，沿直尺修剪整齐。

18.22.24. 衬袄

图片*18. …P24 22. …P28 24. …P29

●18.的材料

Hamanaka Cupid/ 6（本白）…85g

直径1.3cm的纽扣…2颗

●22.的材料

Hamanaka Cupid/ 4（奶油色）…85g

直径1.3cm的纽扣…2颗

●24.的材料

Hamanaka Cupid/ 3（浅粉色）…85g

●针

Hamanaka AmiAmi两用钩针RakuRaku 5/0号

●标准织片

花样编织A：28针 × 13行/10cm²

花样编织B：28针 × 15行/10cm²

●成品尺寸

胸围52cm，肩背宽23cm，衣长29.5cm

●编织方法

1 编织衣身

编织177针锁针，将锁针的里山挑起后编织第1行，然后再织入9行花样编织A，从第10行开始编织花样编织B。

2 订缝肩部

前后肩部正面相对合拢，用锁针订缝（参照P13）。

3 编织花边

在下摆的右侧接线，从下摆、前端、领口挑针，看着正面的同时编织2行花边。再在腋下接线，编织袖口。

4 完成

18.22.在右前端和左肋拼接绳带，再将纽扣缝到右前侧。左前端的扣眼可利用针目的缝隙，内侧用锁边缝缝好（参照P49）。

24.的绳带拼接到4个位置。

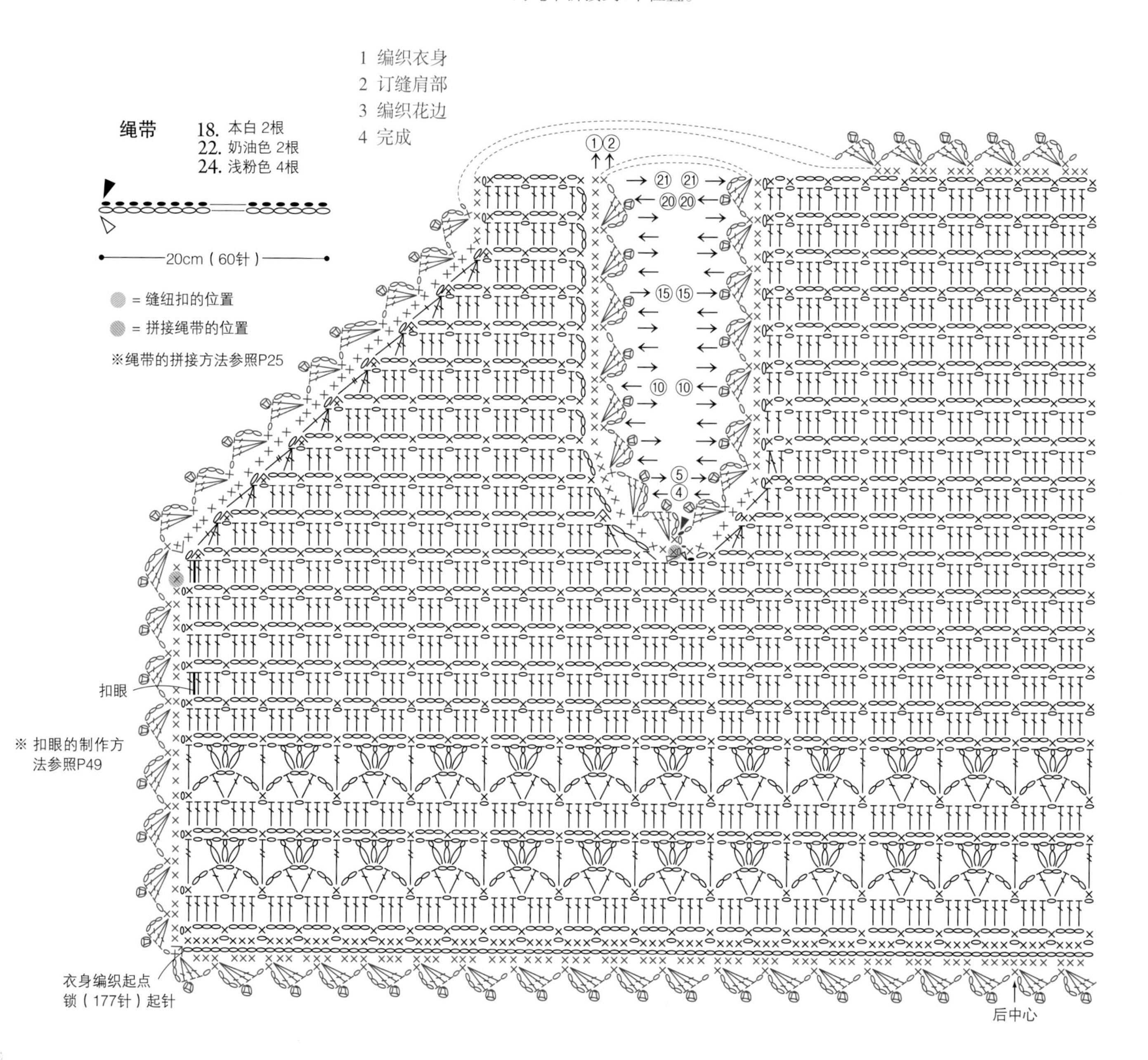

制图 18.22.24. 通用

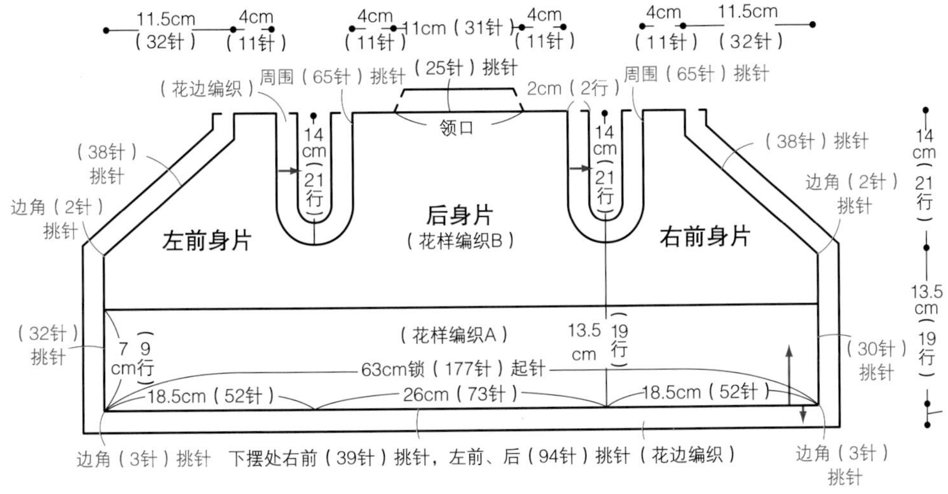

11.5cm（32针）
4cm（11针）
4cm（11针）
11cm（31针）
4cm（11针）
4cm（11针）
11.5cm（32针）
（花边编织）
周围（65针）挑针
（25针）挑针
2cm（2行）
周围（65针）挑针
领口
（38针）挑针
（38针）挑针
14cm（21行）
14cm（21行）
边角（2针）挑针
边角（2针）挑针
左前身片
后身片
（花样编织B）
右前身片
14cm（21行）
13.5cm（19行）
（32针）挑针
（花样编织A）
13.5cm（19行）
7cm（9行）
63cm锁（177针）起针
（30针）挑针
18.5cm（52针）
26cm（73针）
18.5cm（52针）
边角（3针）挑针
下摆处右前（39针）挑针，左前、后（94针）挑针（花边编织）
边角（3针）挑针
18.22. 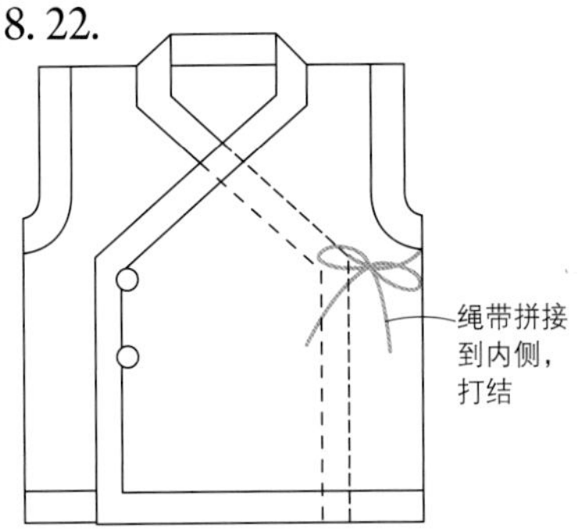
绳带拼接到内侧，打结
24. 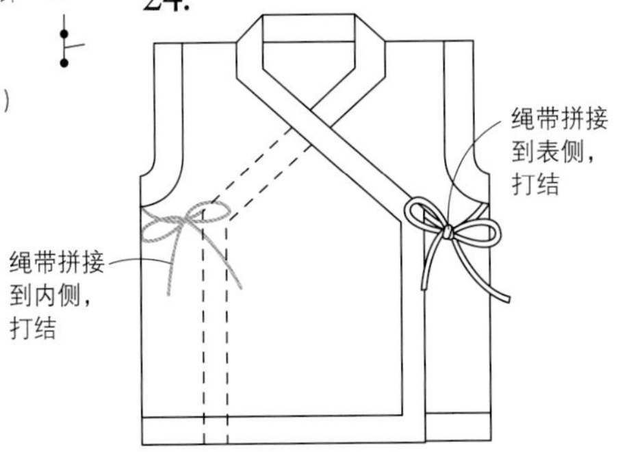 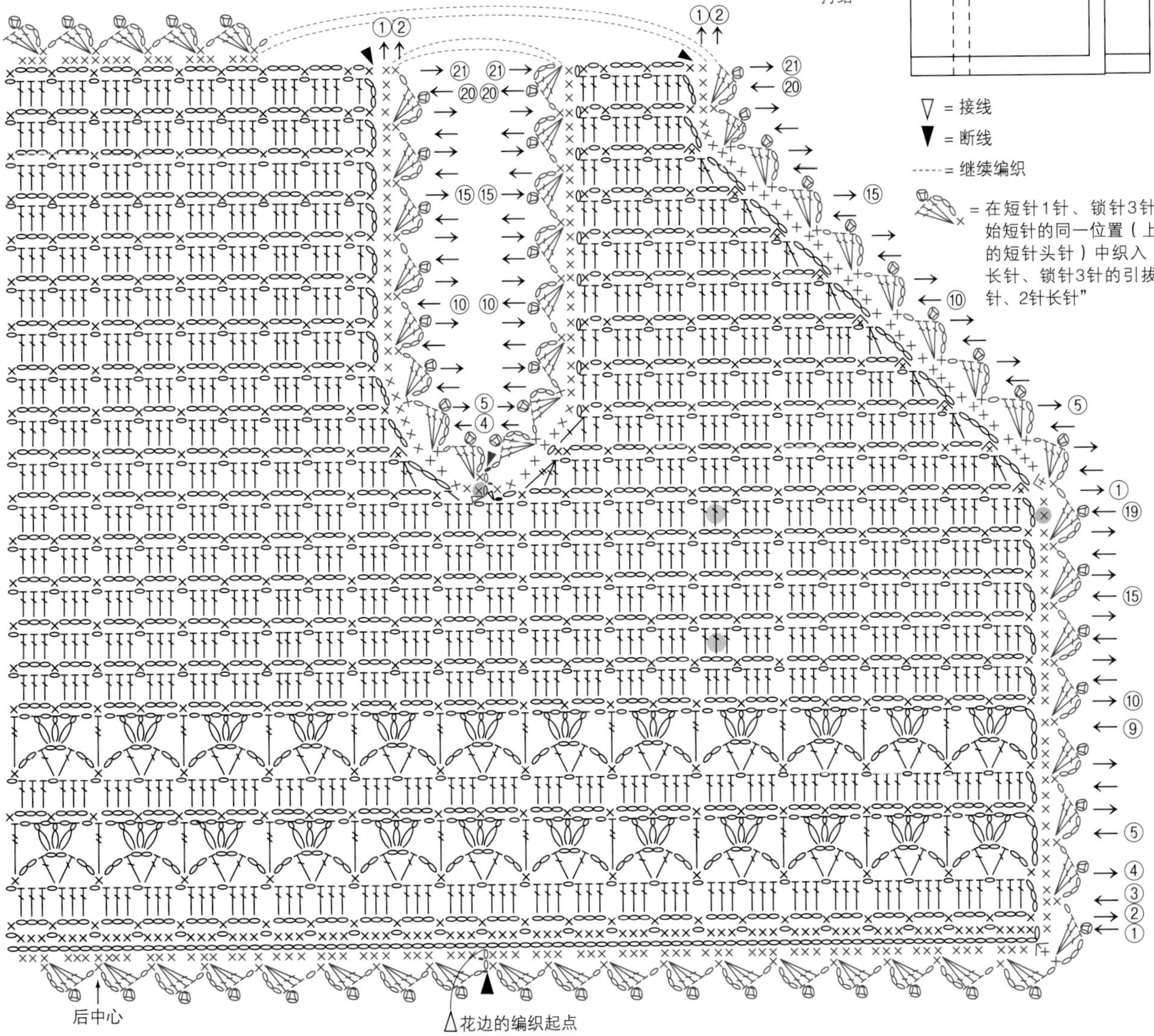
绳带拼接到表侧，打结
绳带拼接到内侧，打结
= 接线
= 断线
= 继续编织
= 在短针1针、锁针3针、起始短针的同一位置（上一行的短针头针）中织入“1针长针、锁针3针的引拔小链针、2针长针”
后中心
花边的编织起点

0~12 个月 · 男孩

衬袄 · 围兜

Undergarment • Bib

引人注目的可爱动物围兜和衬袄。
今天是狮子，明天是狗狗。
时尚的围兜不容错过。

编织方法＊20. …P30　21. …P30　22. …P26

0~12 个月 · 女孩

衬袄 · 围兜

Undergarment · Bib

温柔的粉色套装让女孩的脸看起来更加粉嫩。
大家都爱的兔子围兜，
可以和其他的围兜组合成礼品套装，送给朋友也不错哦。

编织方法＊23. …P30　24. …P26

17.19.20.21.23. 围兜

图片*17.19. …P24 20.21. …P28 23. …P29

●17.的材料

Hamanaka Cupid/ 6（本白）…20g，10（蓝色）…10g，5（淡蓝色）…5g

直径2cm的纽扣…1颗

●19.的材料

Hamanaka Cupid/ 6（本白）…20g，3（浅粉色）…10g，2（粉色）…5g

直径2cm的纽扣…1颗

●20.的材料

Hamanaka Cupid/8（黄色）…20g，Hamanaka 4 PLY/ 346（浅茶色）…10g，301（白色）、345（茶色）、353（黑色）…各少许

直径2cm的纽扣…1颗

●21.的材料

Hamanaka Cupid/ 6（本白）…20g，Hamanaka 4 PLY/ 345（茶色）…5g，301（白色）、353（黑色）…各少许

直径2cm的纽扣…1颗

●23.的材料

Hamanaka Cupid/ 6（本白）…20g，Hamanaka 4 PLY/ 329（深粉色）…1g，301（白色）、345（茶色）、353（黑色）、305（粉色）…各少许

直径2cm的纽扣…1颗

●针

Hamanaka AmiAmi两用钩针RakuRaku 5/0号、4/0号、3/0号

●标准织片

花样编织：26.5针×20行/10cm²

●成品尺寸

17.19. 宽20cm，长27.5cm

20.21.23. 宽18cm，长26.5cm

●编织方法

1 编织主体

编织锁针37针，将锁针的里山挑起后编织第1行，变换左右顶端针目的高度，制作圆弧（参照P25）。17.19.分别编织配色条纹，20.21.23用一种颜色编织。对面右侧的折翼接着主体编织，在第26行留出扣眼。接线后编织左侧的折翼。

2 编织花边

17.19.需改变一下折翼和下摆周围的花边，20.21.23看着正面，编织2行短针。

3 完成

17.为装饰纽扣，19.先制作花朵花样，然后将内侧挑起，用拆分线拼接。

20.21.23分别进行嵌花。纽扣缝到折翼顶端。

制图 17. 19. 20. 21. 23. 的主体通用

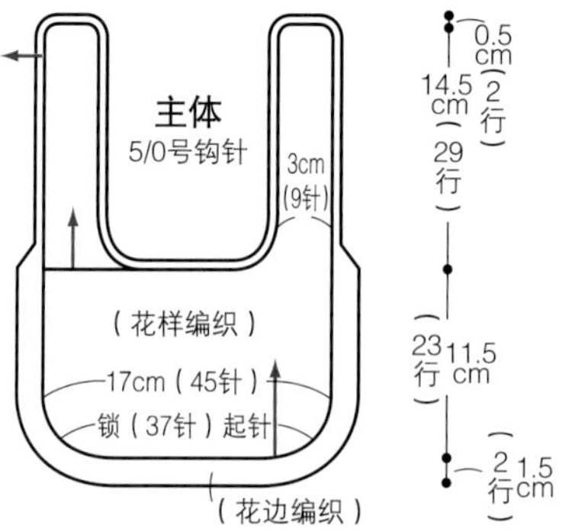

※20.23.24.（花边编织）用短针进行编织

装饰纽扣 3颗

中心 6块

圆环 ① ② ③ 2.5cm

X = 短针的条纹针

※留出线头不用剪断

中心 第3行 3cm

中心的两块布料正面朝外相对合拢，编织1行，中途塞入线头，使其膨胀

—— = 本白

▒ = 淡蓝色

—— = 蓝色

▽ = 接线

▼ = 断线

⌒ = 渡线

1 编织主体

2 编织花边

主体与花边编织

花边的编织起点接着主体编织（参照P25）

拼接纽扣的位置

扣眼

—— = 本白

—— = 17. 蓝色 19. 浅粉色

▒ = 17. 淡蓝色 19. 浅粉色

● = 17. 拼接装饰纽扣的位置

✿ = 19. 拼接花朵的位置

= 在短针1针、锁针3针、起始短针的同一位置（上一行的短针头针）中织入“1针长针、锁针3针的引拔小链针、2针长针”

编织起点 锁针（37针）起针

▽ = 接线　▼ = 断线　⌒ = 渡线

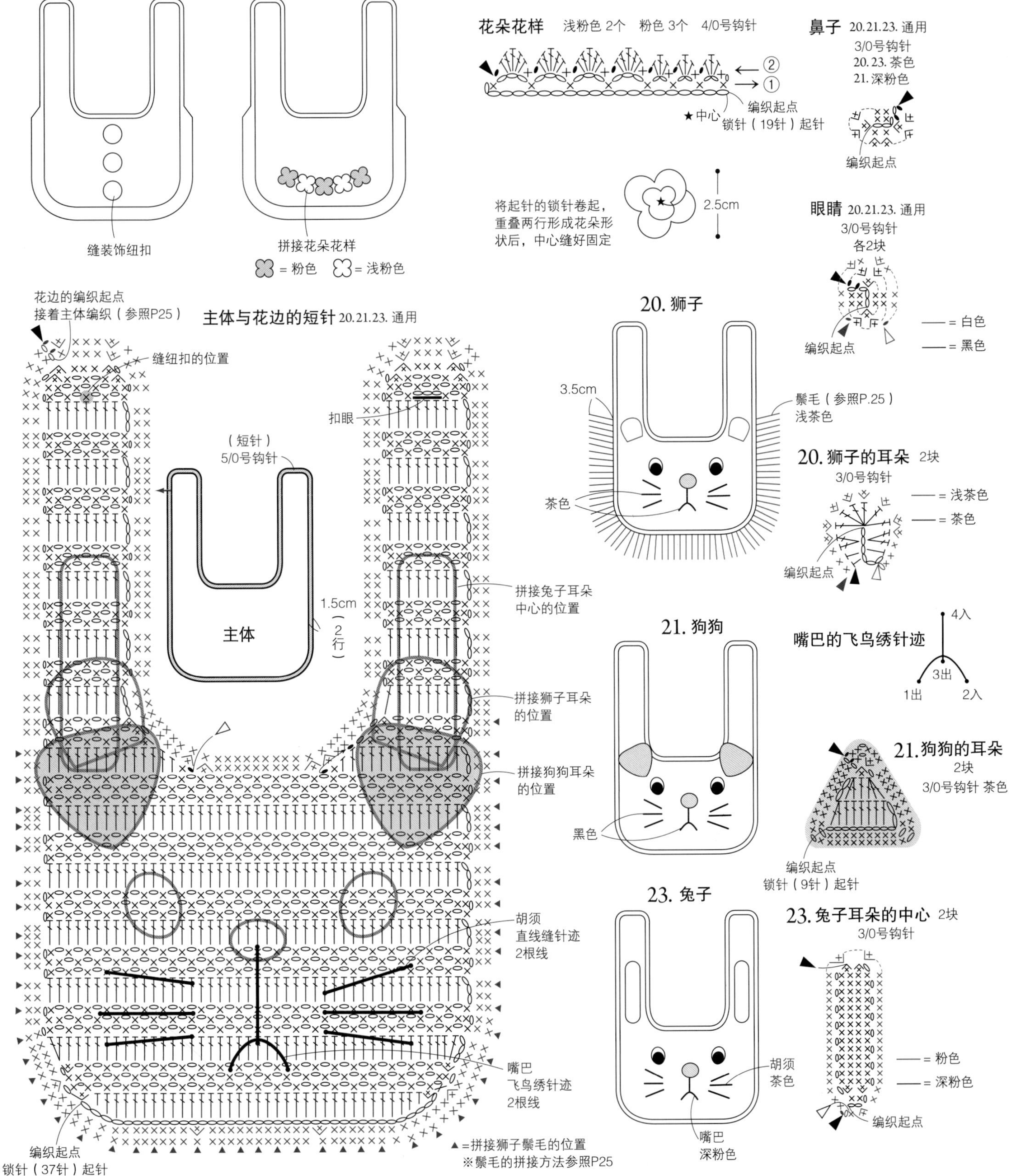

17.
19.
缝装饰纽扣
拼接花朵花样
= 粉色
= 浅粉色
花边的编织起点
接着主体编织（参照P25）
主体与花边的短针 20.21.23. 通用
缝纽扣的位置
扣眼
（短针）
5/0号钩针
主体
1.5cm
（2行）
拼接兔子耳朵中心的位置
拼接狮子耳朵的位置
拼接狗狗耳朵的位置
胡须
直线缝针迹
2根线
嘴巴
飞鸟绣针迹
2根线
编织起点
锁针（37针）起针
▲=拼接狮子鬃毛的位置
※鬃毛的拼接方法参照P25

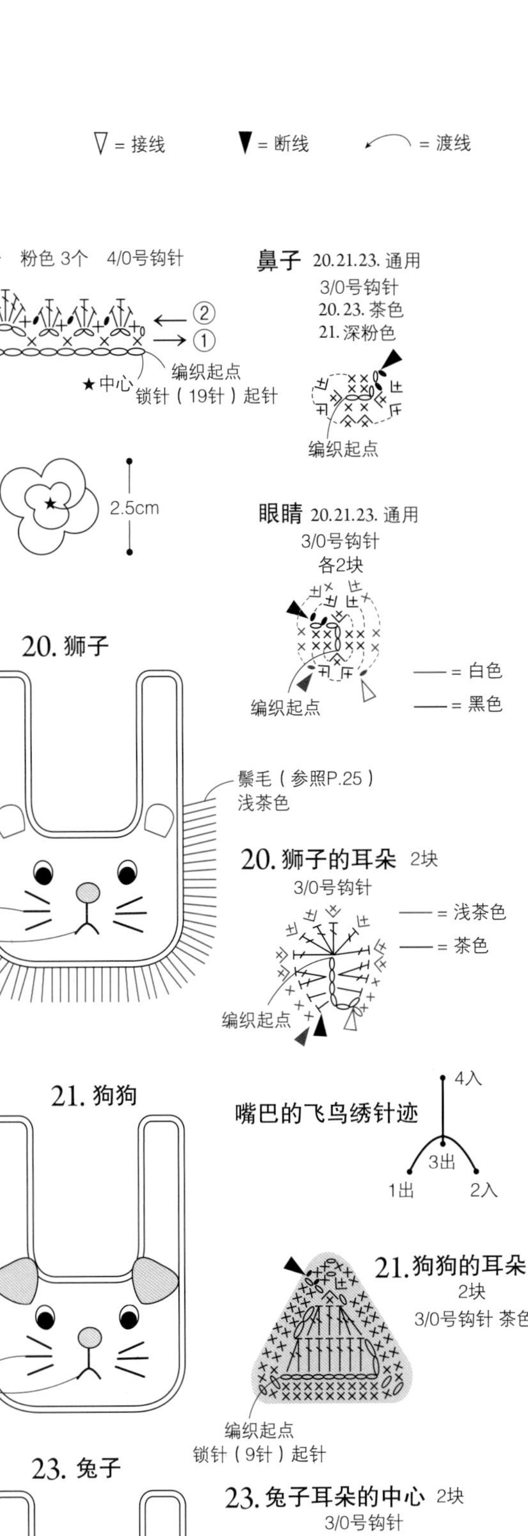

花朵花样 浅粉色 2个 粉色 3个 4/0号钩针
②
①
编织起点
★中心
锁针（19针）起针
将起针的锁针卷起，
重叠两行形成花朵形
状后，中心缝好固定
2.5cm
鼻子 20.21.23. 通用
3/0号钩针
20. 23. 茶色
21. 深粉色
编织起点
眼睛 20.21.23. 通用
3/0号钩针
各2块
编织起点
= 白色
= 黑色
20. 狮子
3.5cm
鬃毛（参照P.25）
浅茶色
茶色
20. 狮子的耳朵 2块
3/0号钩针
= 浅茶色
= 茶色
编织起点
嘴巴的飞鸟绣针迹
4入
3出
1出
2入
21. 狗狗
黑色
21. 狗狗的耳朵
2块
3/0号钩针 茶色
编织起点
锁针（9针）起针
23. 兔子
胡须
茶色
嘴巴
深粉色
23. 兔子耳朵的中心 2块
3/0号钩针
= 粉色
= 深粉色
编织起点

Part.4

0~12个月・男孩 & 女孩

襁褓・小羊玩偶

Blanket・Stuffed toy

盖着、垫着、包着……
只需一块就可以，多用又简单的襁褓。
与蓬松可爱的小羊一起，慢慢进入奇妙的梦境吧。

编织方法＊25.…P35 26.…P34

Part.4 重点步骤解说

※ 为了更加直观明了，解说图中使用了不同颜色的线

26.27.29.31. 襁褓

[花样的编织方法]

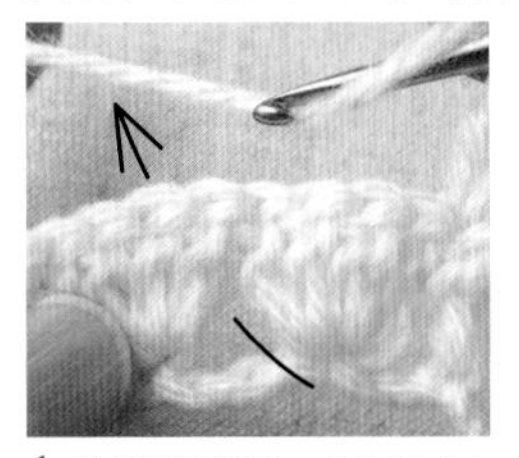

1 按照箭头所示，将钩针插入上一行针目的缝隙中，编织第2行的4针长针。

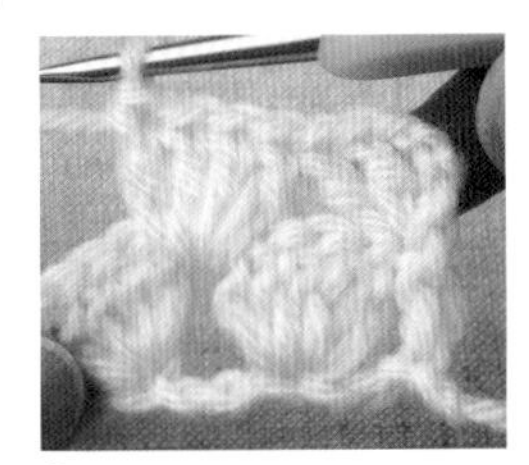

2 在同一位置编织4针长针。

[第1行花边的编织方法和线的处理方法]

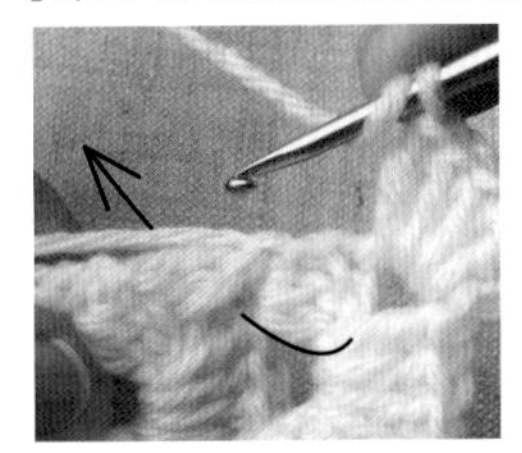

1 花边部分先编织3针锁针，将顶端的所有针目挑起，包紧后再编织。穿引配色线时，也需要包紧配色线。

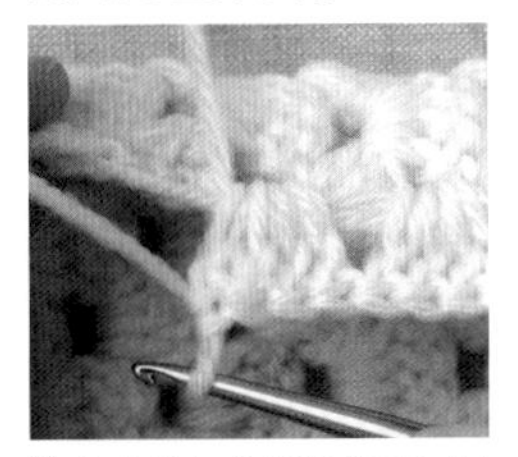

2 花边处包住配色线后如图（反面状态）。这样，渡线的针脚就不会太显眼。

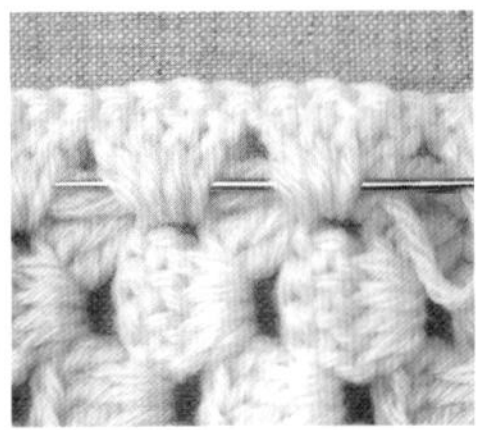

3 如果无法包住线头，可以将它穿入缝纫针中，把4~5cm线头藏到织片中，剩余的部分剪断。

28. 小猪玩偶

[小猪的拼接方法]

1 其中1块躯干的织片编织终点处留出100cm左右的线头，剪断线，另一块织片先处理好线头。腿部编织起点的线头塞入腿中，编织终点的线头留出20cm左右，再剪断。

2 首先拼接腿部。之间剩下的线头穿入缝纫针中，将两只腿的编织终点处缝好拼接。线头塞入腿中，处理好。

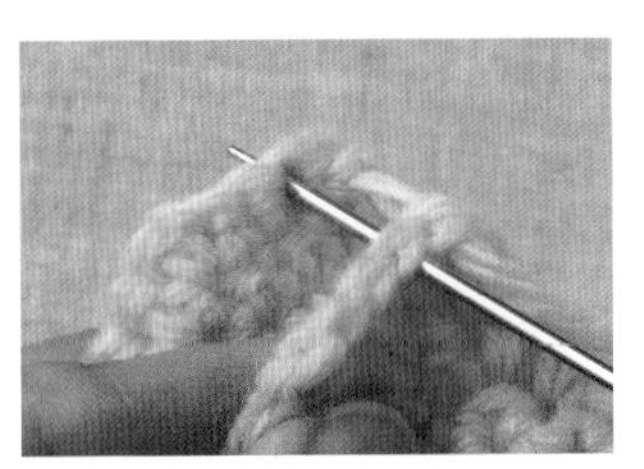

3 将躯干正面朝外相对合拢重叠。剩余的线头穿入缝纫针中，从外侧把钩针插入内侧花边头针的下方，然后在相邻的下一针目中，将钩针从内向外穿出。

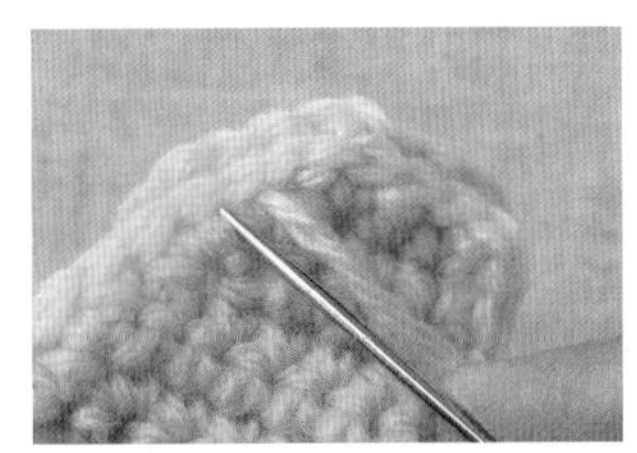

4 一针一针逐渐移动到相邻的针目中，同时按照平行缝的要领缝合。

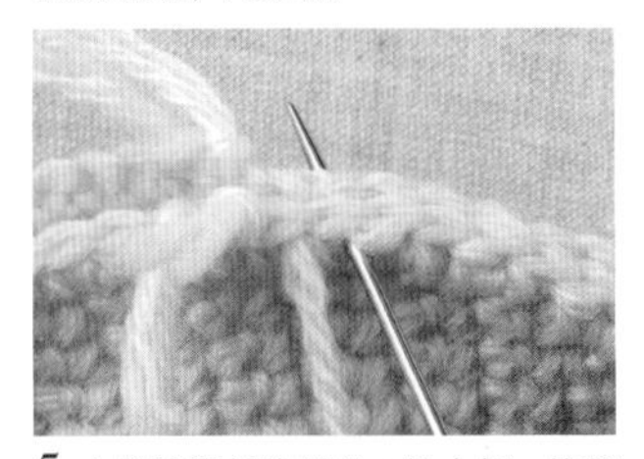

5 在拼接腿部位置的1针内侧，按照整针回针缝的要领，回移1针，插入其中，再从前2针的针目中穿出。

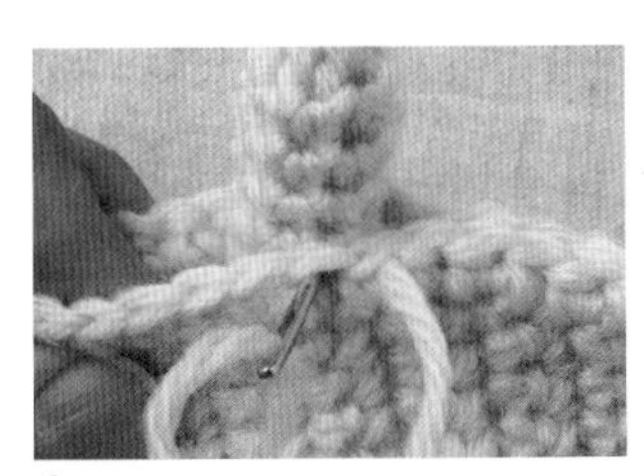

6 腿部夹到躯干之间，按照步骤3的要领往前缝1针。

7 拼接腿部后也进行1针回针缝，然后按照原来的方法一针一针缝合。

30. 小车玩偶

[车轮的编织方法]

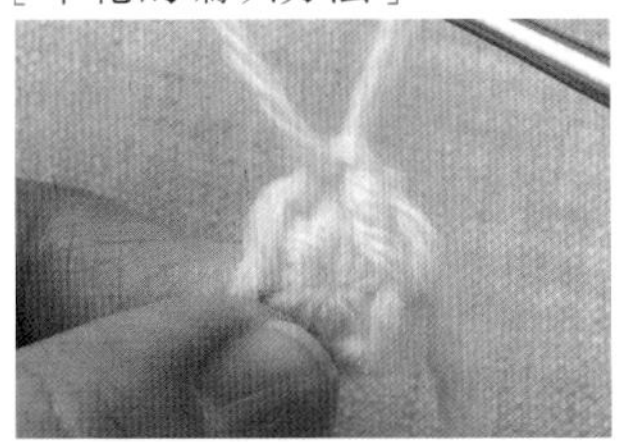

1 用"圆环"起针，编织6针短针。在起始短针的头针中织入引拔针，剪断线后引拔抽出。从反面插入针，挂上线头，再穿到反面。

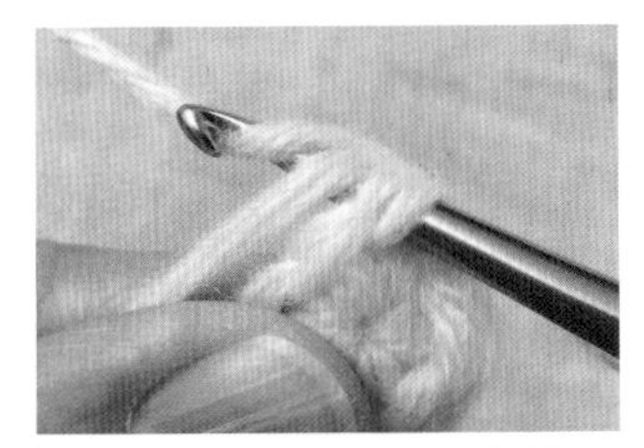

2 编织下面一行时，从外向内挂好前面的线头。然后将下面要用的线挂到针上，只需将此线引拔抽出，完成接线。编织1针立起的锁针，之后继续编织短针。

3 编织6行后拉大线圈，暂时停下线，线头塞到中间。

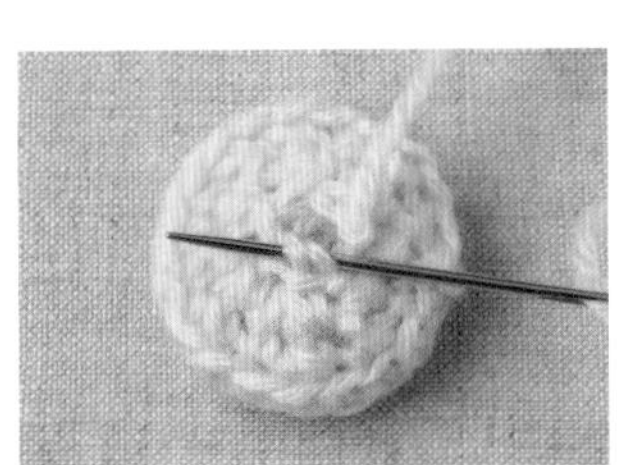

4 之前停下的线编织到最后，再剪断线。编织终点的线头穿入缝纫针中，将中央缝好。※ 如果厚度不够，可以在缝之前塞入线头等。

26.27.29.31. 襁褓

图片*26. …P32 27. …P36 29.31. …P37

●26.的材料
Hamanaka Lovely Baby/ 21（嫩绿色）…350g，2（本白）…60g

●27.的材料
Hamanaka Lovely Baby/ 2（本白）…355g，20（橙色）…35g，4（粉色）…20g

●29.的材料
Hamanaka Lovely Baby/ 2（本白）…260g，6（淡蓝色）…95g，14（黄绿色）…75g

●31.的材料
Hamanaka Lovely Baby/ 2（本白）…260g，4（粉色）…95g，20（橙色）…75g

●针
Hamanaka AmiAmi两用钩针RakuRaku 6/0号

●标准织片
花样编织：18针 × 8行 /10cm²

●成品尺寸
宽85cm，长85cm

●编织方法

1 编织主体

编织锁针143针起针，将锁针的里山挑起编织第1行。26.27.用一种颜色，29.31.重复编织5行宽的条纹。花样编织第2行开始的4针长针是将上一行长针与长针之间的部分成束挑起后再编织（参照P33）。

2 编织花边

接着主体的编织终点处从左右行间成束挑起针目，分别用配色线编织。

※花边第1行的编织方法参照P33

配色表 ※花样编织部分26.27.用一种颜色，29.31.重复5行编织条纹花样

	花样编织			花边编织	
	第1・25行	第3行	第4行	第1行	第2行
26.	嫩绿色	嫩绿色	嫩绿色	本白	本白
27.	本白	本白	本白	橙色	粉色
29.	本白	黄绿色	淡蓝色	本白	淡蓝色
31.	本白	橙色	粉色	本白	粉色

2 编织花边

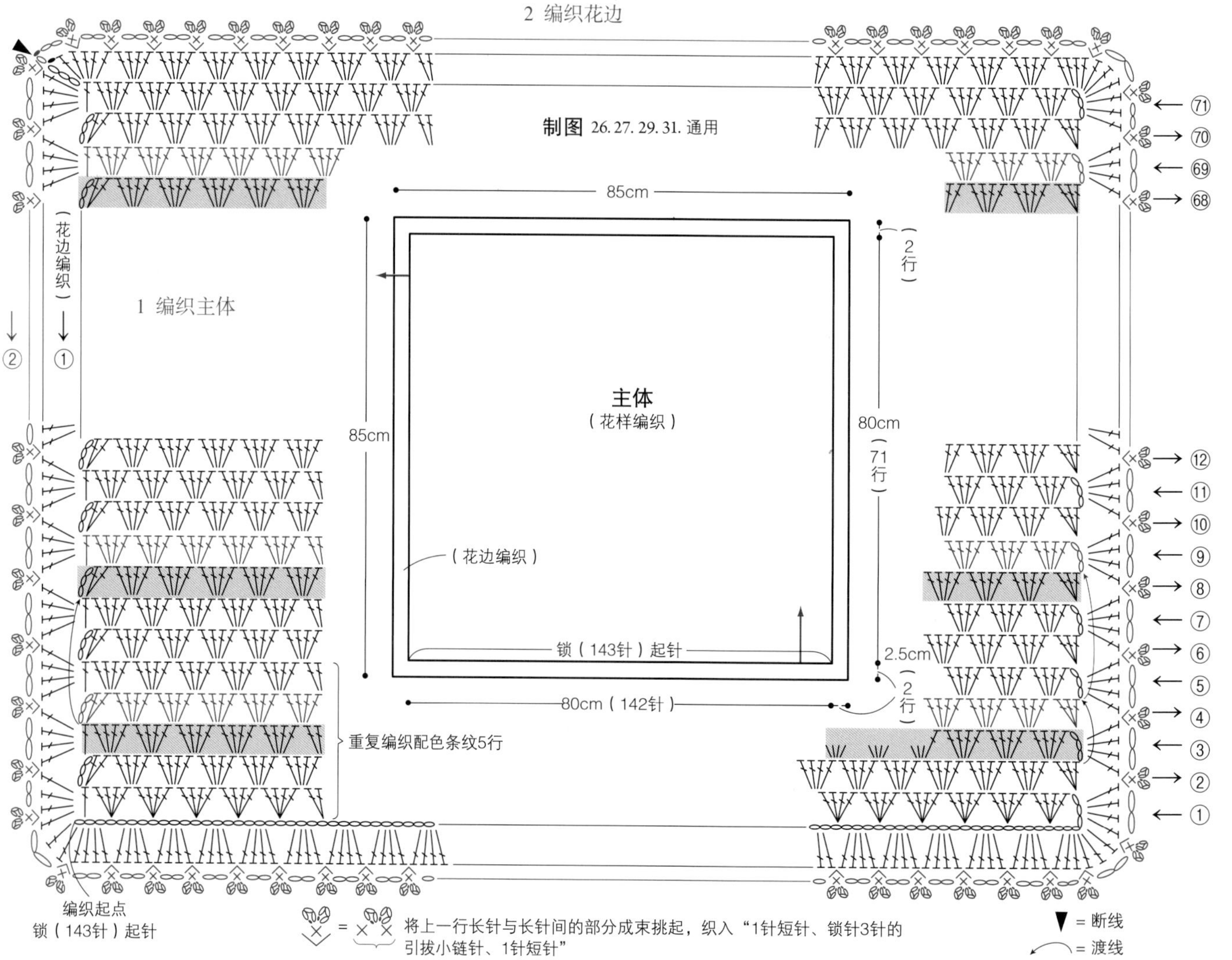

= 将上一行长针与长针间的部分成束挑起，织入“1针短针、锁针3针的引拔小链针、1针短针”
※在第1针小链针的同一位置引拔编织第2针小链针

▼ = 断线

= 渡线

25. 小羊玩偶

图片*P32

●材料

Hamanaka Lovely Baby/ 2（本白）…20g、25（茶色）…5g

Hamanaka 4PLY/ 353（黑色）…少许

Hamanaka 有机棉…10g

●针

Hamanaka AmiAmi两用钩针 RakuRaku 5/0号

●成品尺寸

参照图

●编织方法

1 编织躯干

左侧、右侧均是编织10针锁针起针，再无加减针编织25行。接着躯干看着正面继续编织1行花边。

2 编织脸部、腿部、犄角、尾巴

3 完成

脸部、腿部夹到左右躯干间，塞入有机棉，缝合（参照P33）。

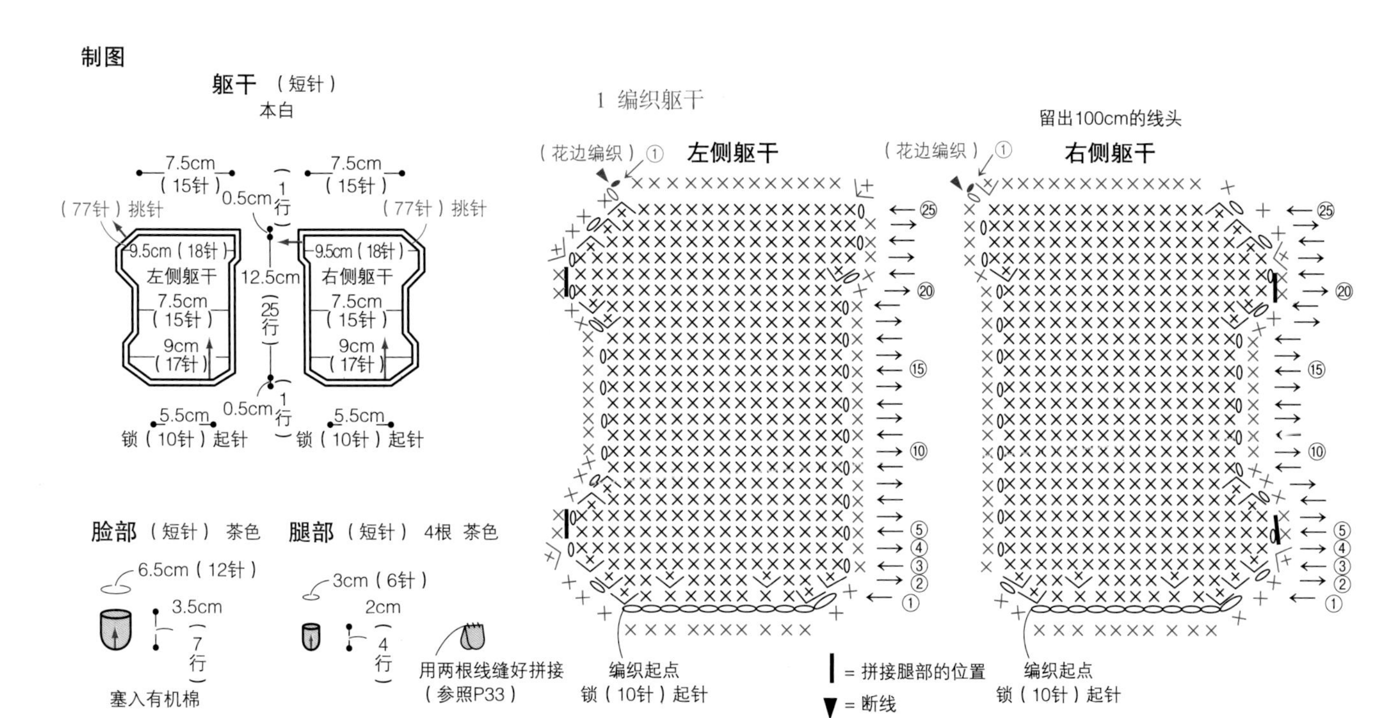

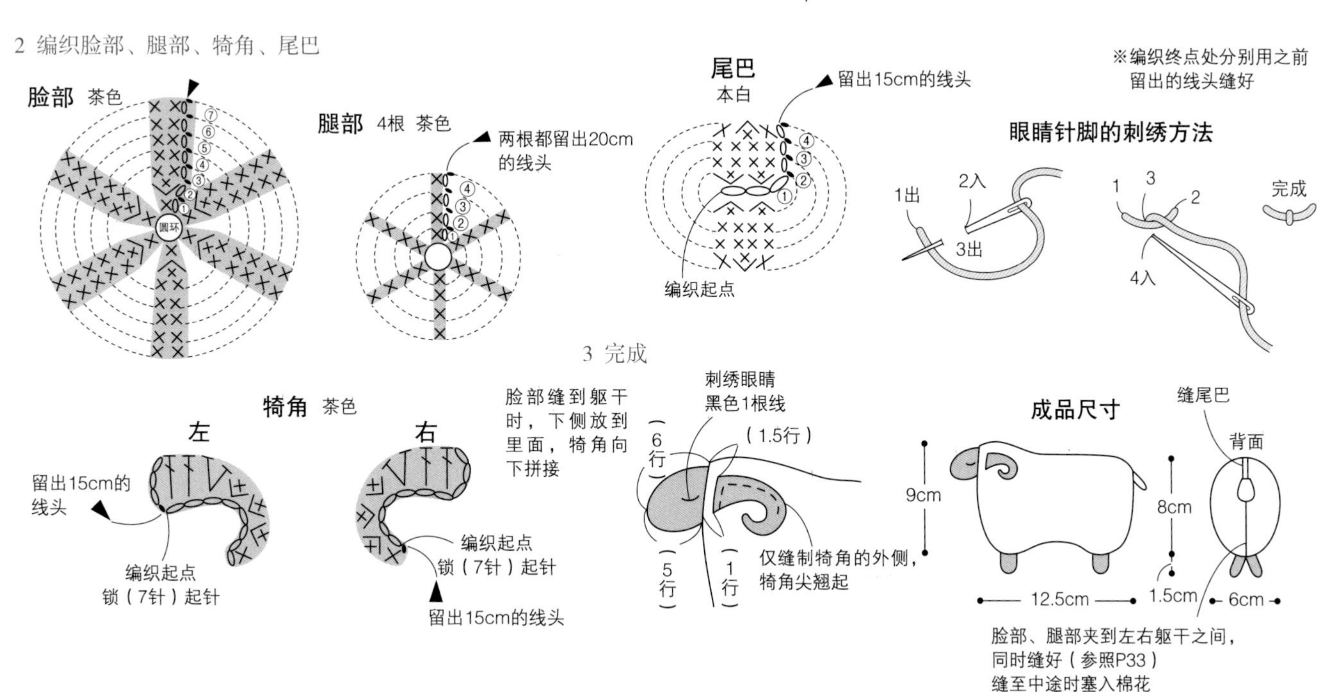

轻盈的襁褓中，
偷偷摸摸躲在里面的，
究竟是谁啊？
编织方法＊27. …P34

27.

0~12 个月・女孩

襁褓・小猪玩偶

Blanket・Stuffed toy

28.

香甜可口的草莓把小猪都吸引出来了。
正、反两块缝合出立体感。
编织方法＊28. …P38

条纹图案的襁褓中，
偷偷摸摸躲在里面的，
究竟是什么啊？
编织方法＊29. …P34

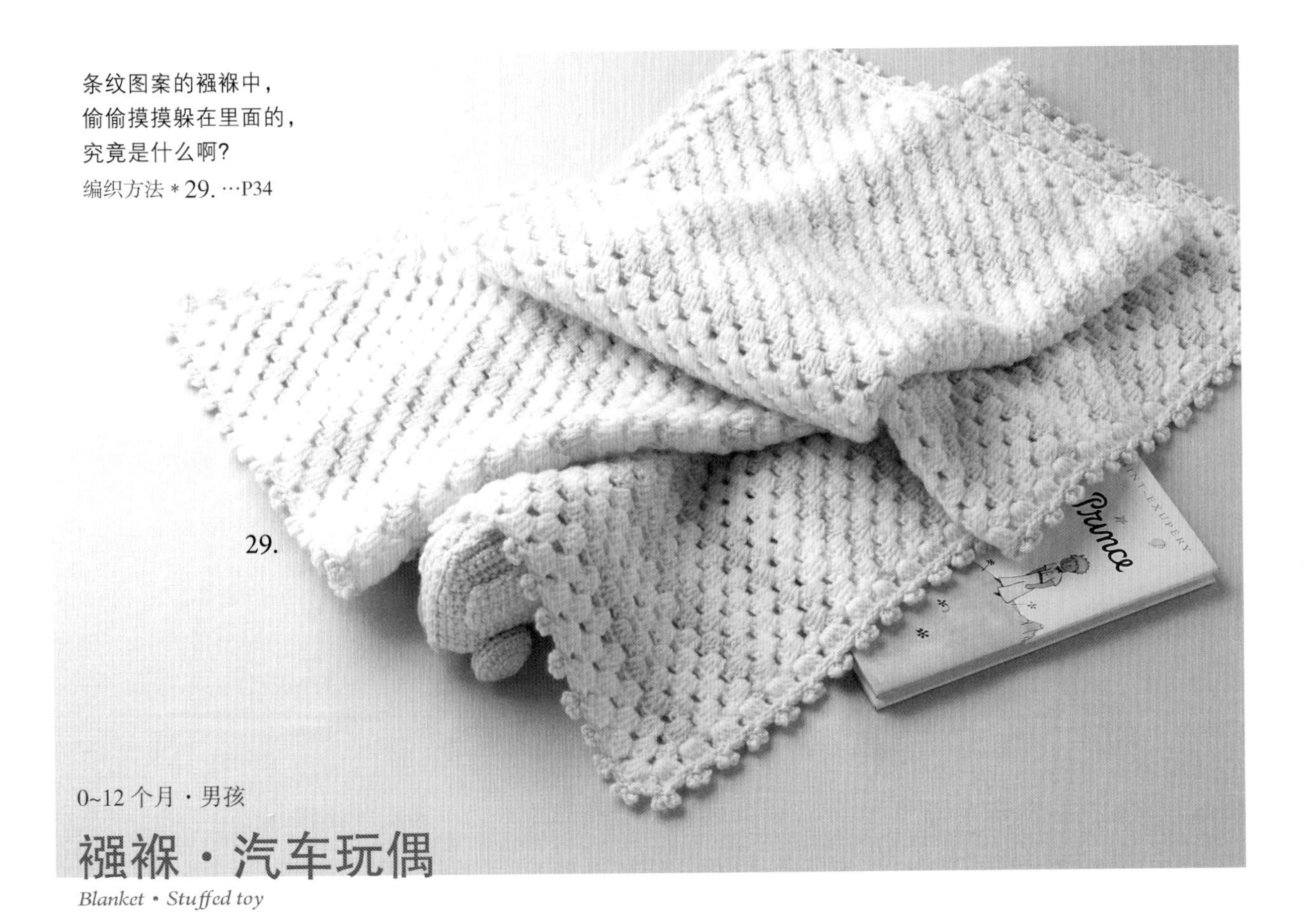

29.

0~12 个月 · 男孩

襁褓 · 汽车玩偶

Blanket · Stuffed toy

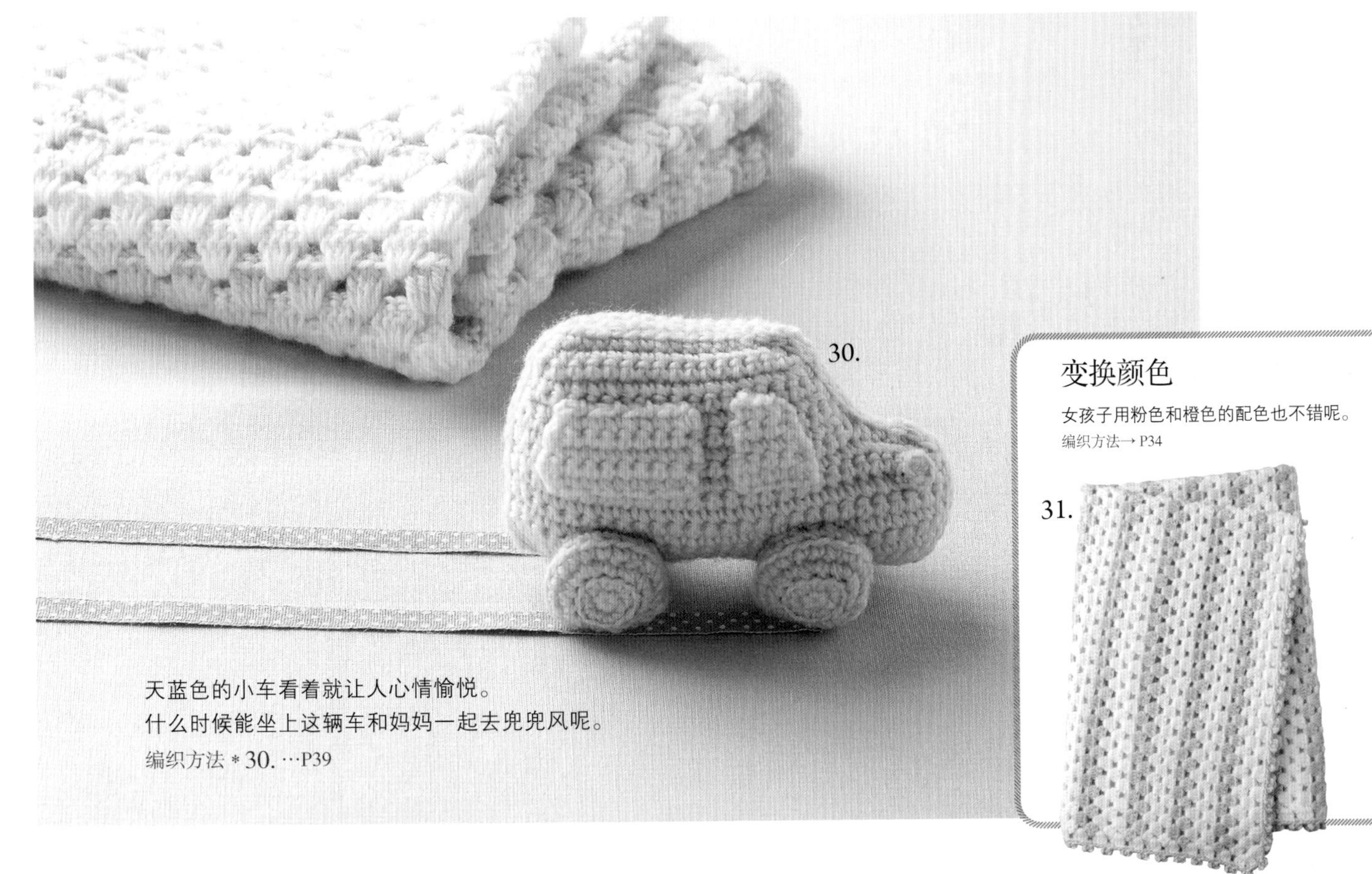

30.

天蓝色的小车看着就让人心情愉悦。
什么时候能坐上这辆车和妈妈一起去兜兜风呢。
编织方法＊30. …P39

变换颜色

女孩子用粉色和橙色的配色也不错呢。
编织方法→ P34

31.

28. 小猪玩偶

图片*P36

●材料

Hamanaka Lovely Baby/ 4（粉色）…20g

Hamanaka 4PLY/ 353（黑色）…少许

Hamanaka 有机棉…10g

●针

Hamanaka AmiAmi两用钩针RakuRaku 5/0号

●成品尺寸

参照图

●编织方法

1 编织躯干

左侧、右侧均编织8针锁针起针，再无加减针编织29行。接着躯干看着正面继续编织1行花边。

2 编织腿部、耳朵、尾巴

3 完成

腿部夹到左右躯干之间，塞入有机棉，缝合（参照P33）。

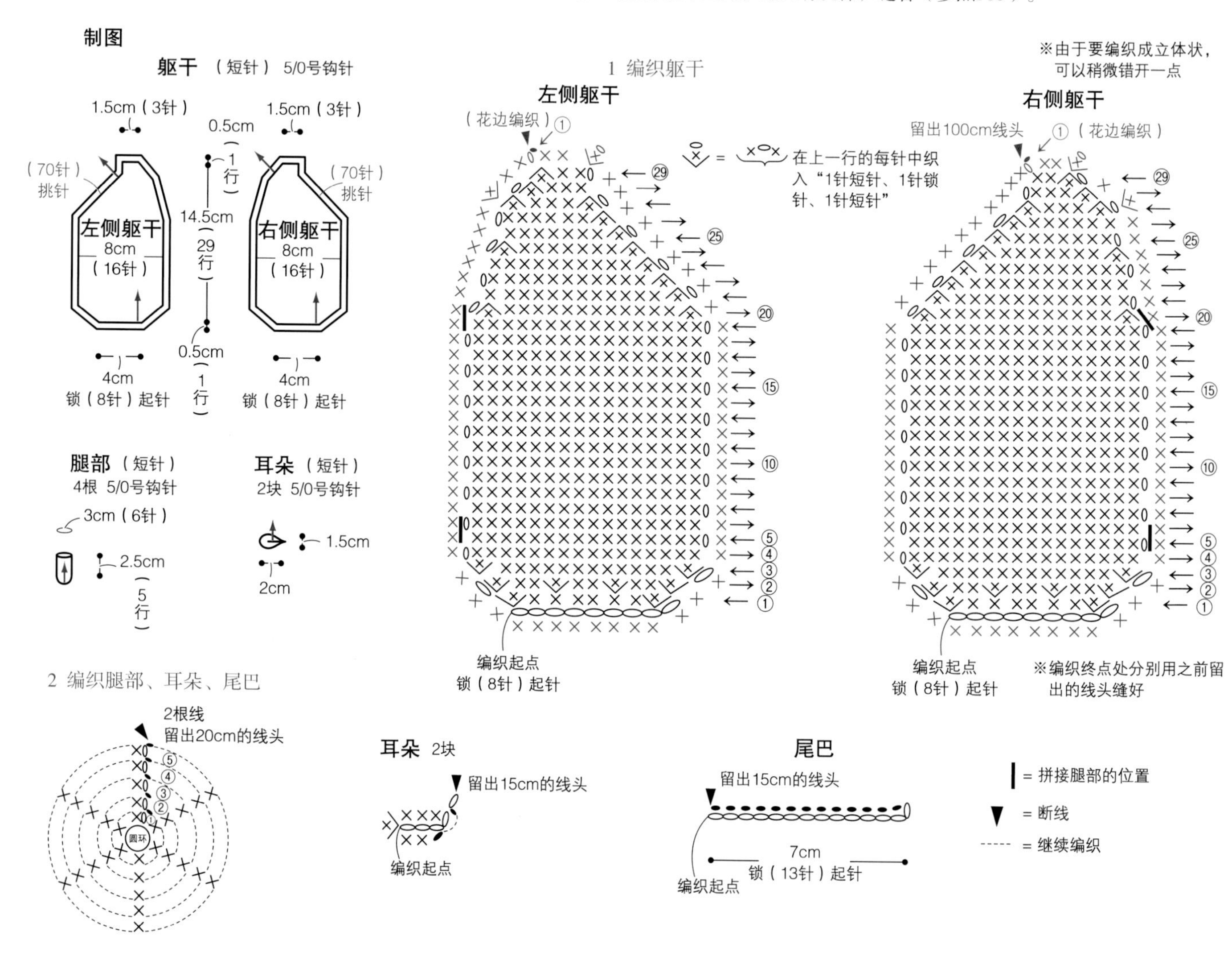

3 完成

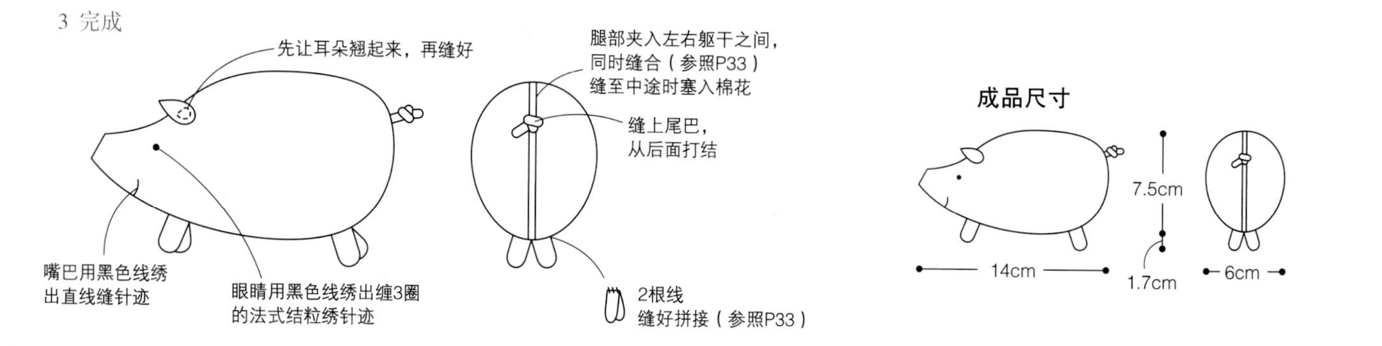

30. 汽车玩偶

图片*P37

●材料

Hamanaka Lovely Baby/

6（淡蓝色）…20g，

11（黄色）…10g，

14（黄绿色）…5g

Hamanaka 有机棉…11g

●钩针

Hamanaka AmiAmi两用钩针RakuRaku 5/0号

●成品尺寸

参照图

●编织方法

1 编织车体

左侧、右侧均编织27针锁针起针，中途减针，同时编织17行。接着车体看着正面继续编织1行花边。

2 编织车窗、车胎、车灯

3 完成

左右车体中塞入有机棉，同时缝好（参照P33）。车轮、车窗、车灯缝到车体上。

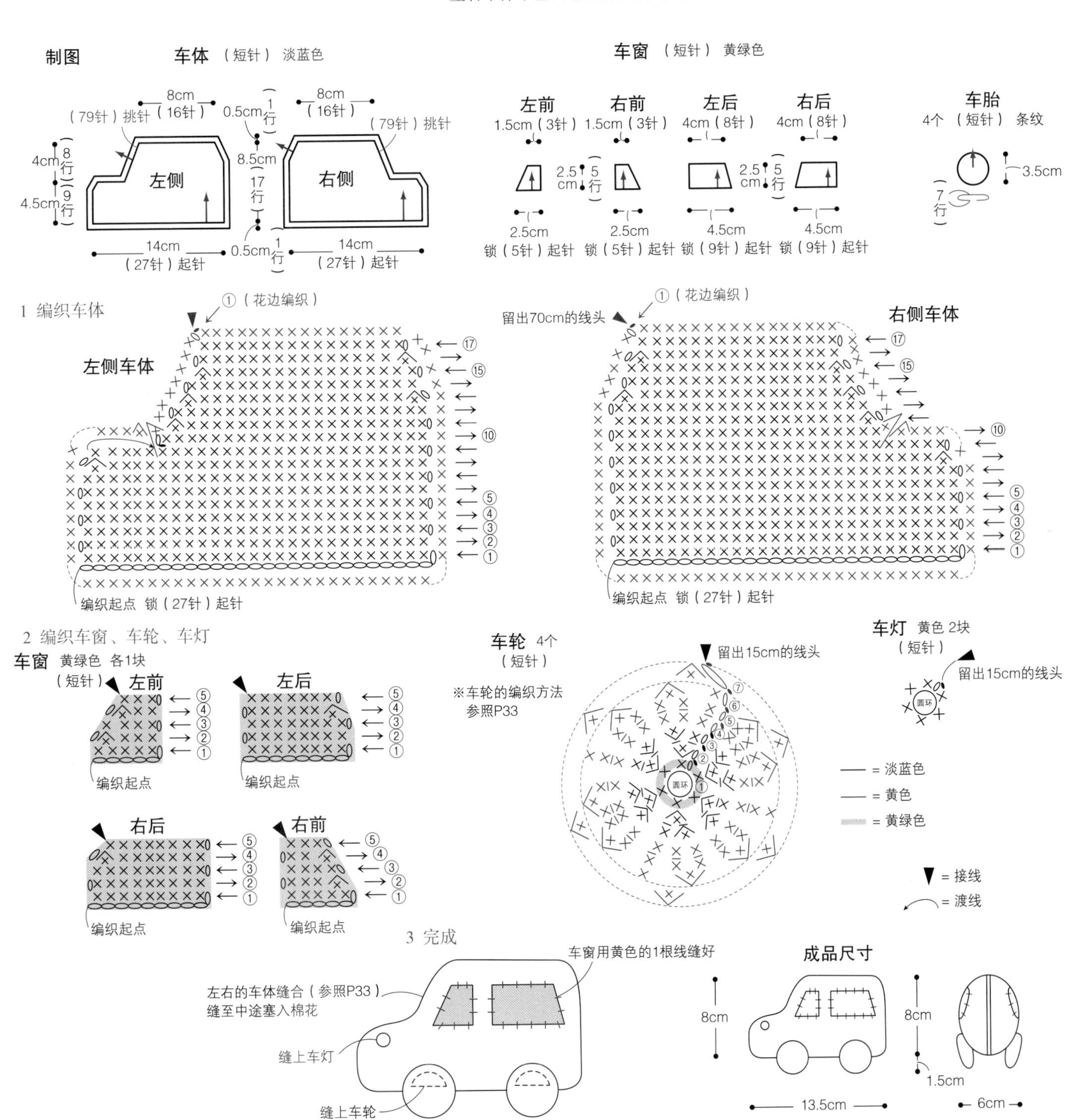

Part.5

0~12个月 · 男孩 & 女孩

披肩 · 护腿

Cape • Leg warmers

第一年冬天，
都想让宝宝过得温暖、漂亮，
于是用爆米花针编织了可爱的披肩和漂亮的护腿，
送给朋友作礼物。
可爱的果酱色增色不少，
妈妈和宝宝都健康好心情！

编织方法＊32.…P42 33.…P47

Part.5 重点步骤解说

※ 为了更加直观明了，解说图中使用了不同颜色的线

32.34.36. 披肩

［配色线的替换方法和处理方法］

1 替换配色线，引拔编织最后的编织线时，将之前一直编织的线从外往内挂好，然后将下面要编织的线挂到钩针上，引拔编织此线。配色线穿引到下一同色行处。

2 再用同色线编织时，按照步骤 1 的要领换上线。※ 此时需要注意，避免织片顶端的渡线混到一起。

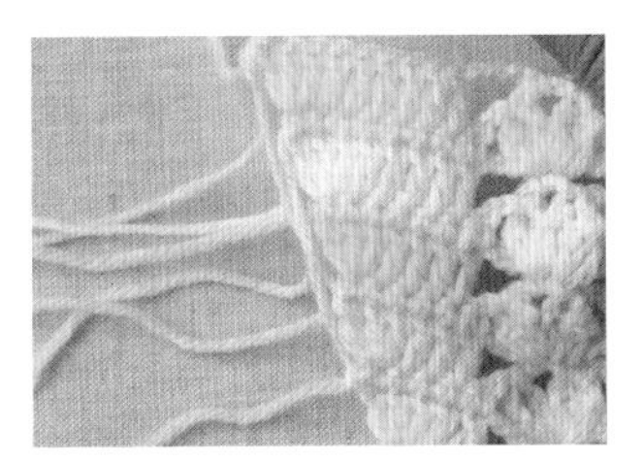

3 重复配色后编织终点的状态如图。织片顶端，线头与纵向穿引的渡线颜色依次错开。

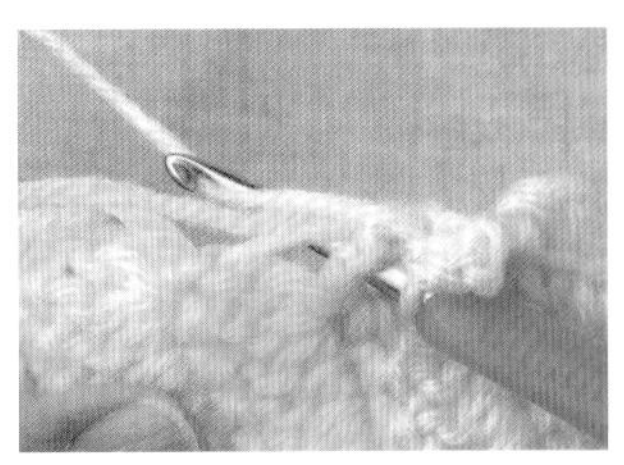

4 编织花边时，需要包紧线头与渡线再编织。

32.36. 披肩

［绒球的制作方法］

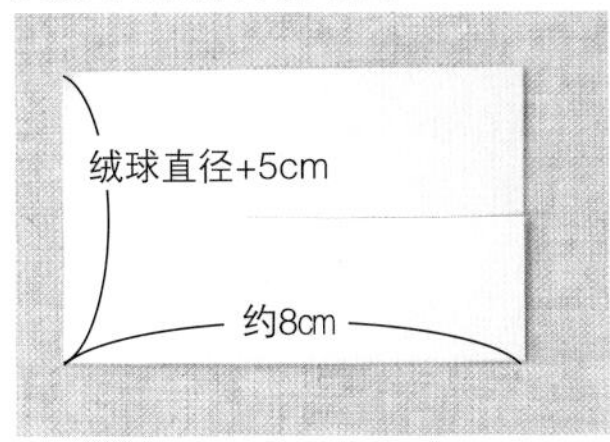

1 准备一张厚纸，宽度比绒球的直径稍长，取厚纸纵向对折线，从中心稍微往前剪出切口。

2 用线缠绕指定的圈数，包住起始的线头。

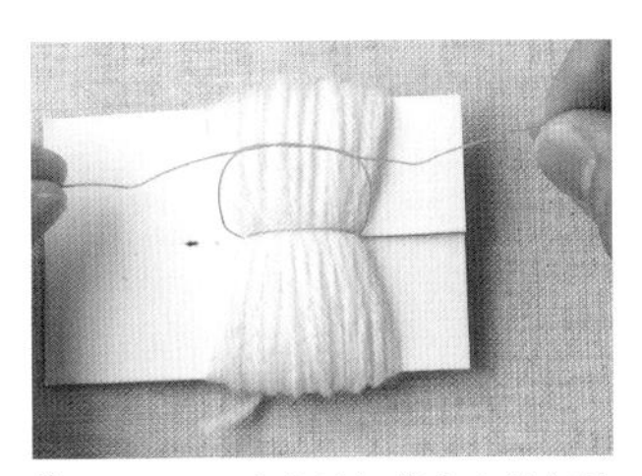

3 长 40cm 左右的缝纫线穿入缝纫针中，再穿到切口中，在编织线的周围缠 2 圈，系紧。

4 取出厚纸，剪开上下的圆环部分。※ 此时尽量将“圆环”的折痕部分剪开，避免歪斜。

5 用剪刀修整形状。

6 用蒸汽熨斗熨烫，轻揉使线头绽开。利用缝纫线，将其拼接到绳带顶端。

34. 披肩

［花边的编织方法］

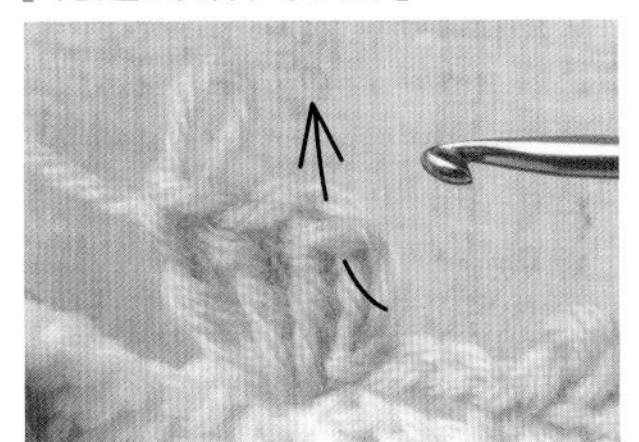

1 编织 2 针锁针，在上一行的短针头针中编织引拔针，然后再编织 2 针立起的锁针、3 针长针。从针目中取出钩针，接着按照箭头所示将钩针插入第 1 针长针的头针中。

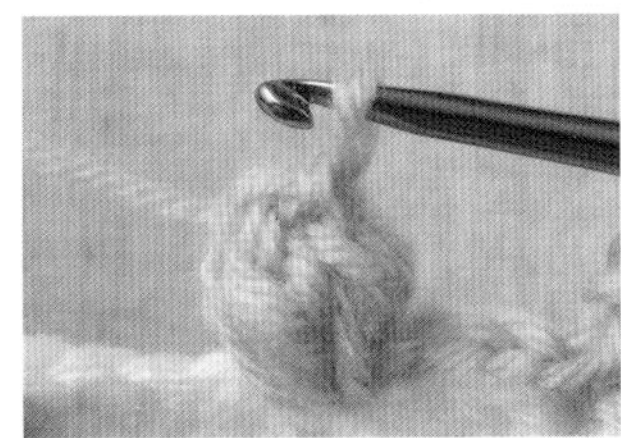

2 再把钩针插到之前取出的针目中，直接在内侧引拔编织。

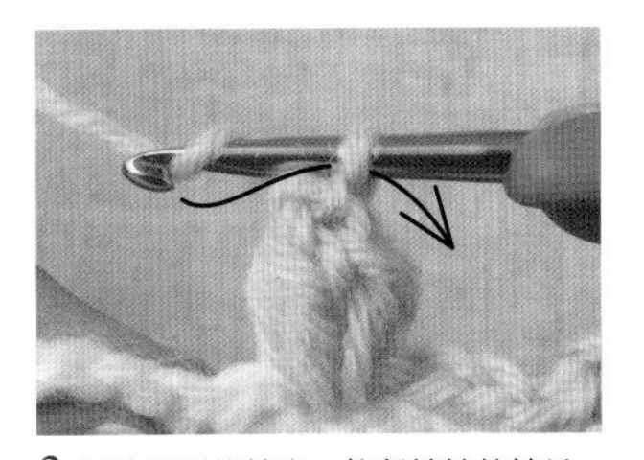

3 挂线后引拔抽出，拉紧锁针的针目。

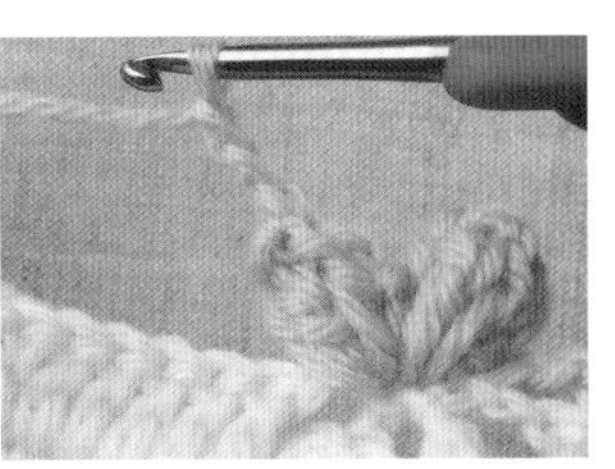

4 编织 2 针锁针，在步骤 1 的同一针目中按照步骤 1~3 的方法重复编织。然后再编织 2 针锁针、引拔针、2 针锁针，完成 1 个花样。

32.34.36. 披肩

图片*32. …P40 34. …P44 36. …P45

●32.的材料

Hamanaka Lovely Baby/ 11（黄色）…35g，14（黄绿色）…35g，3（奶油色）…30g，20（橙色）…20g

●34.的材料

Hamanaka Lovely Baby/ 2（本白）…100g，Hamanaka Wanpaku Denis/ 10（红色）…25g

●36.的材料

Hamanaka Lovely Baby/ 2（本白）…90g，Hamanaka Wanpaku Denis/ 11（藏蓝色）…35g

●针

Hamanaka AmiAmi两用钩针RakuRaku 6/0号

●标准织片

花样编织：18.5针 × 10行/10cm²

●成品尺寸

衣身不限，长26cm

●编织方法

1 编织主体

用与第1行相同的颜色编织70针锁针起针，编织时需将锁针的里山挑起。用分散加针的方法拓宽，同时编织25行。但32.每隔2行要换色，编织出4色条纹，36.在第22行和第24行换色。

2 编织衣领

沿起针的逆向挑针编织。由于要翻折，所以需变换正反面。

3 编织主体的花边

仅34.的下摆处在花样的凹陷处编织爆米花针（参照P57）。

4 编织衣领的花边

在主体的第1行穿入绳带，完成。

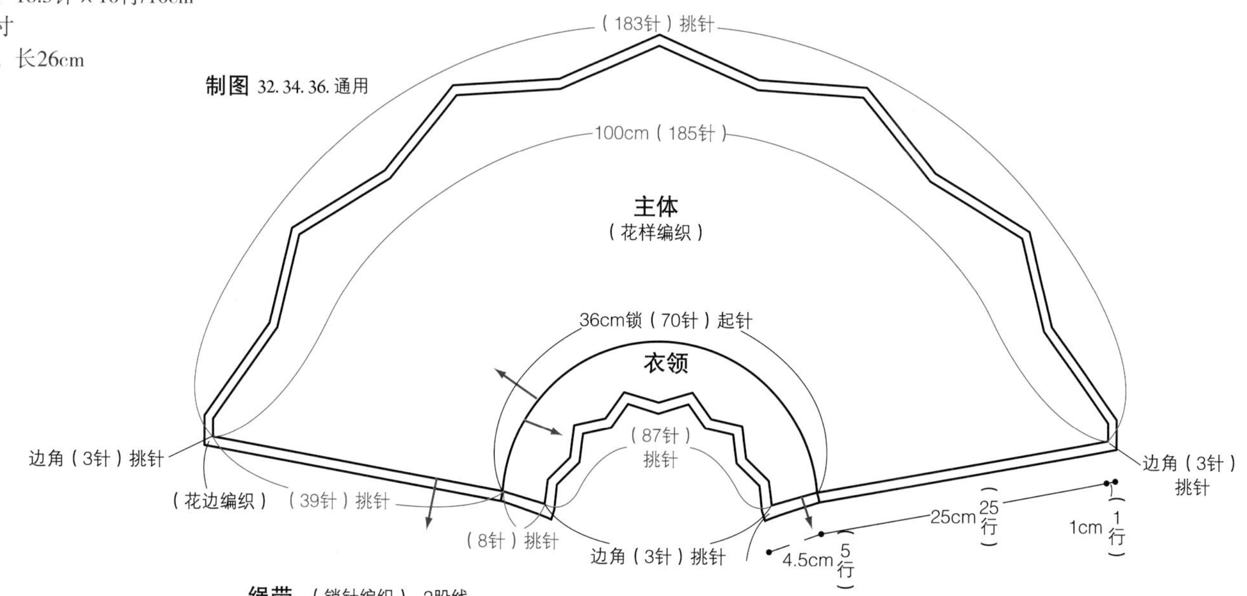

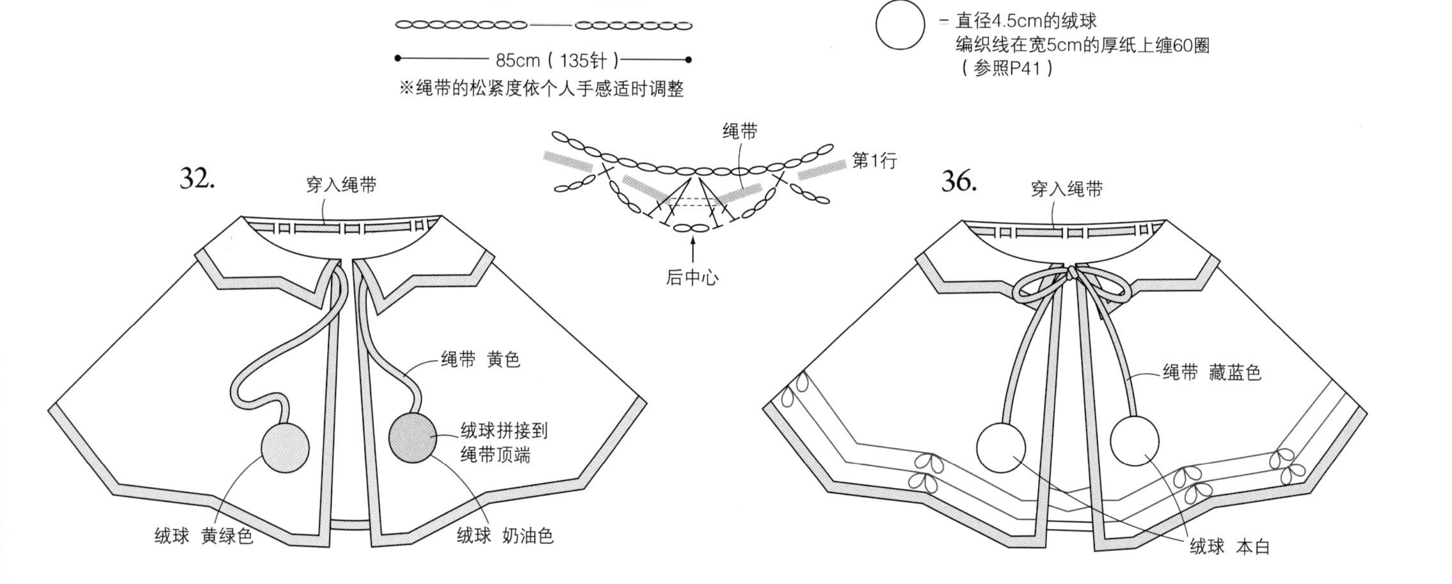

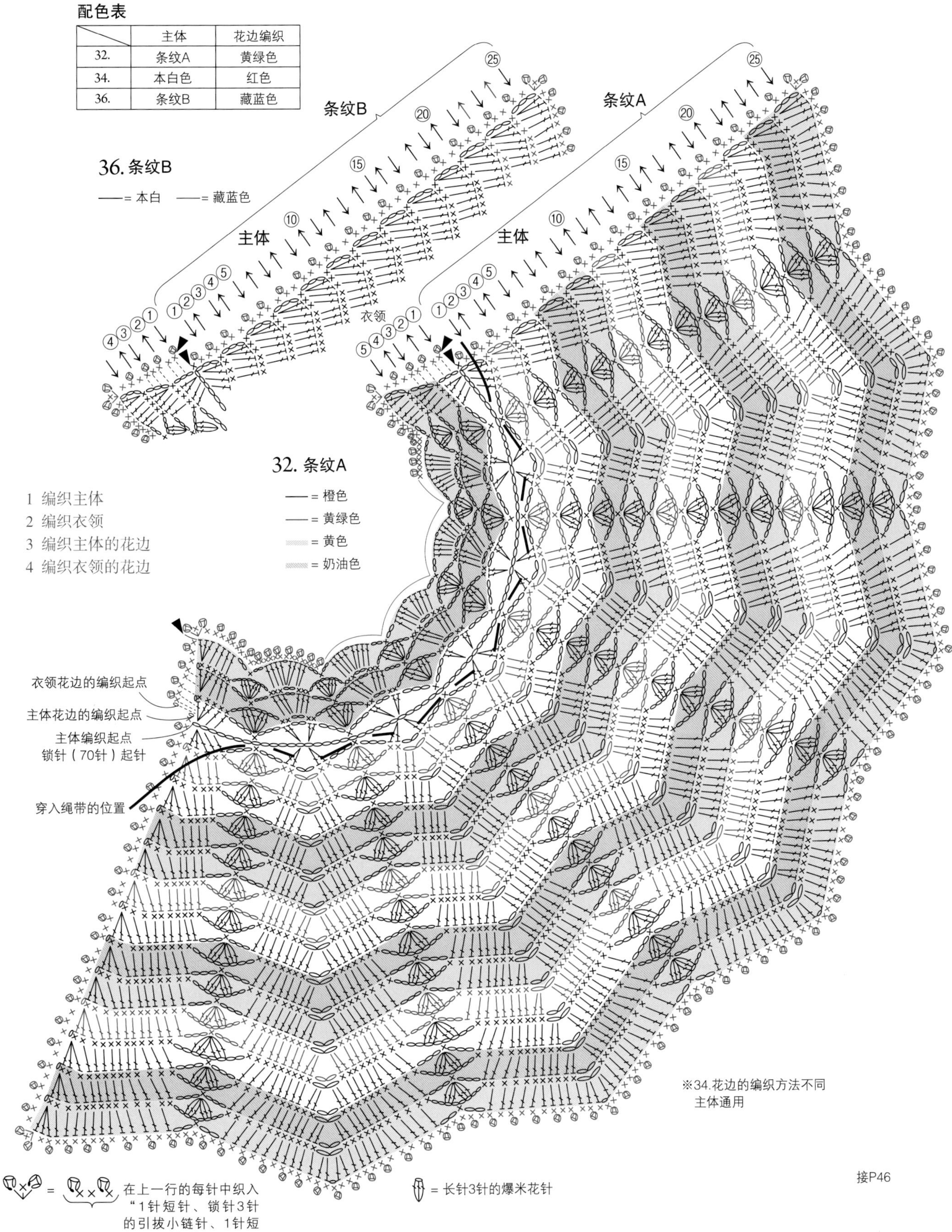

配色表

	主体	花边编织
32.	条纹A	黄绿色
34.	本白色	红色
36.	条纹B	藏蓝色

接P46

0~12个月・女孩

披肩・护腿

Cape・Leg warmers

复古又乖巧的配色，加上花朵花样，一下子就可爱了许多。
花边处采用爆米花针，精心细致的设计。

编织方法＊34. …P42　35. …P47

0~12 个月 · 男孩

披肩 · 护腿

Cape • Leg warmers

男孩也可以像女孩一样时尚，海军风设计。
披肩的下摆处用藏蓝色进行配色。

编织方法＊36. …P42　37. …P47

※接P43

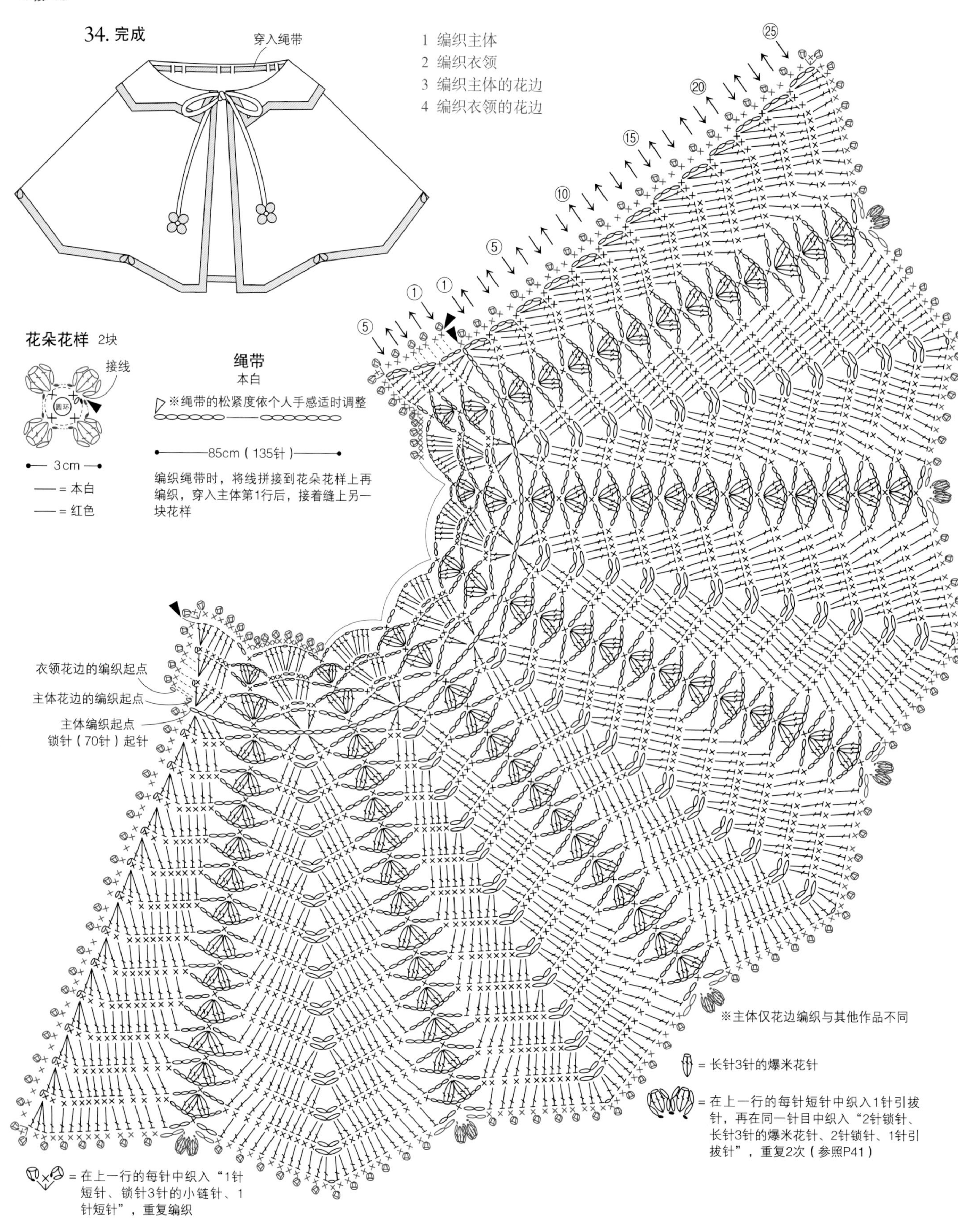

34. 完成
穿入绳带
1 编织主体
2 编织衣领
3 编织主体的花边
4 编织衣领的花边
花朵花样 2块
接线
圆环
3cm
— = 本白
— = 红色
绳带
本白
※绳带的松紧度依个人手感适时调整
85cm（135针）
编织绳带时，将线拼接到花朵花样上再编织，穿入主体第1行后，接着缝上另一块花样
衣领花边的编织起点
主体花边的编织起点
主体编织起点
锁针（70针）起针
※主体仅花边编织与其他作品不同
= 长针3针的爆米花针
= 在上一行的每针短针中织入1针引拔针，再在同一针目中织入“2针锁针、长针3针的爆米花针、2针锁针、1针引拔针”，重复2次（参照P41）
= 在上一行的每针中织入“1针短针、锁针3针的小链针、1针短针”，重复编织

33.35.37. 护腿

图片*33. …P40 35. …P44 37. …P45

●33.的材料

Hamanaka Lovely Baby/ 3（奶油色）、11（黄色）、20（橙色）、14（黄绿色）…各10g

松紧编织线…150cm

●35.的材料

Hamanaka Lovely Baby/ 2（本白）…20g，

Hamanaka Wanpaku Denis/ 10（红色）…10g

松紧编织线…150cm

●37.的材料

Hamanaka Lovely Baby/ 2（本白）…15g，

Hamanaka Wanpaku Denis/ 11（藏蓝色）…15g

松紧编织线…150cm

●针

Hamanaka AmiAmi两用钩针RakuRaku 6/0号

●标准织片

花样编织：18.5针×10行/10cm²

●成品尺寸

宽8cm，长13cm

●编织方法

1 编织主体

按照第1行的颜色编织30针锁针起针，将锁针的里山挑起后看着反面编织第1行。花样编织部分，长针行看着反面、短针行看着正面编织。

2 编织花边

在主体的上下侧编织花边。

3 完成

反面用松紧编织线编织引拔针，拉紧。

制图 33. 35. 37. 通用

护腿

（30针）挑针

（花边编织）

主体

（花样编织）

16cm（锁30针）起针

（花边编织）

（30针）挑针

1cm（1行）

11cm（13行）

1cm（1行）

※配色以外用同样的方法编织

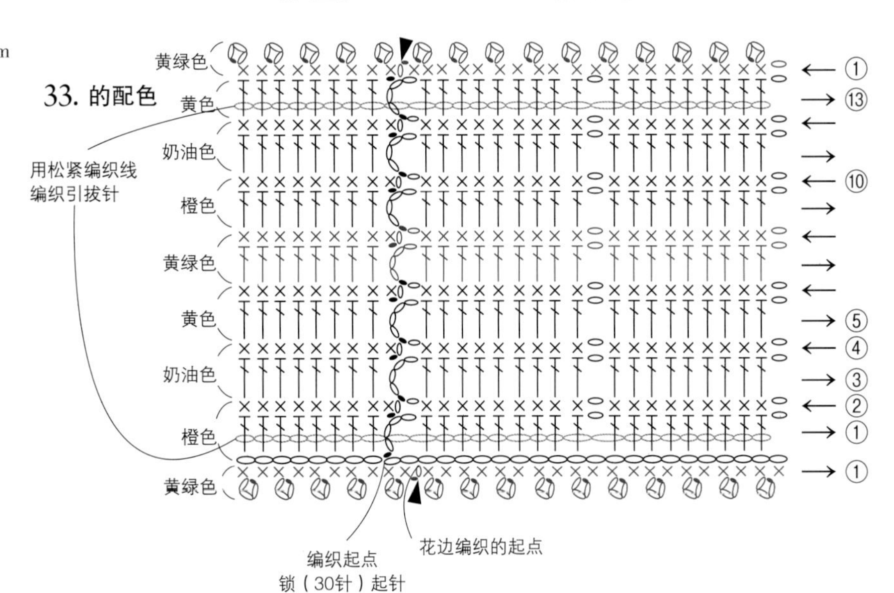

▼ = 断线

3 完成

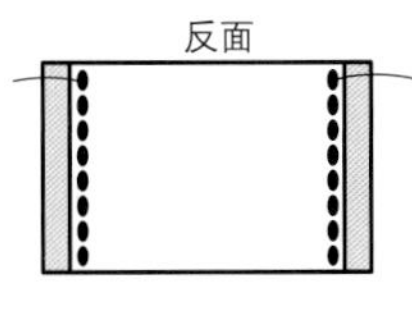

将第1行底部的1根线挑起，用松紧编织线编织引拔针

将靠近第13行头针处的1根线挑起，用松紧编织线编织引拔针

※松紧编织线引拔针的编织方法参照P19

35. 的配色

红色

用松紧编织线编织引拔针

本白

红色

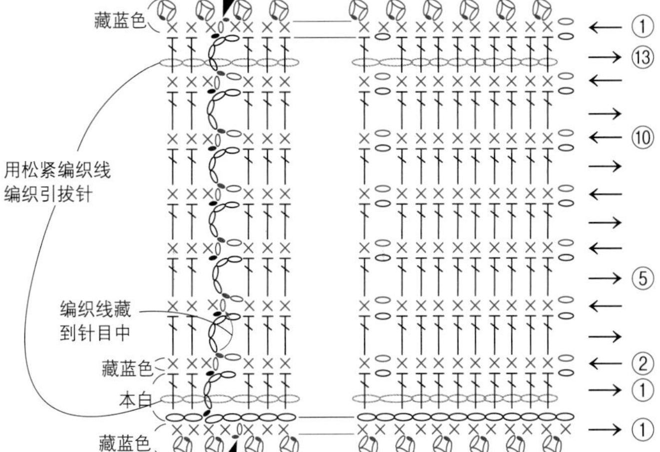

Part.6

12~24 个月 · 男孩 & 女孩

帽子 · 背心

Cap • Vest

38.

戴上有耳朵的帽子，
变身森林里的小熊。
既可以搭配裙子，也可以搭配裤子，
个性独特的设计。

编织方法 * 38. …P54　39. …P50

39.

背面

背心的后面还有
毛茸茸的尾巴哦。

Part.6 重点步骤解说

※ 为了更加直观明了，解说图中使用了不同颜色的线

39.41.43. 背心

[左前领口第 32 行 ~ 向下渡线的方法]

1 编织至第 32 行的终点处后，将编织终点处的线圈拉大，穿过线团。拉动线，缩小线圈，固定。然后将线穿引过渡到拼接线的位置。

2 钩针插入拼接线的针目中，再引拔抽出线。※ 此时要注意避免渡线混结在一起。

3 再次挂线，引拔抽出。这样，线就连接好了。

4 织片的左端转到内侧，拿好。变换编织方向后继续织入短针。

[肩部的订缝方法……卷针订缝]

1 编织终点处留出 20cm 左右的线头，剪断线后穿入缝纫针中。前后的肩部相接，线头穿入缝纫针中，再将内侧肩部立起的第 3 针锁针两根线挑起。

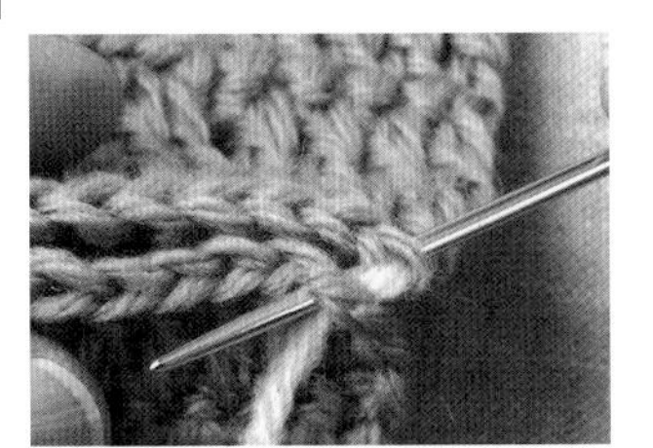

2 钩针插入外侧顶端的针目中，再将钩针插入与步骤 1 相同的针目中，顶端固定。

3 一针一针，按照“从外侧插入，从内侧穿出”的方法重复。

4 最后的针目处按照起始针目的方法，来回穿两次针，固定。

[扣眼的制作方法]

1 线穿入缝纫针中，从反面插入扣眼位置处短针的尾针部分，再从正面穿出。

2 从上 1 行长针之间穿入针，从下面一行长针与长针之间穿出针。

3 “将右侧相邻的长针分开，插入针，按照步骤 2 的方法，从同一长针之间穿出针”，如此重复。

4 最后按照步骤 1 的方法，将下面一行的短针包住，线头藏到花边的尾针中，处理好。起始的线头也按同样的方法处理。

38.40.42. 帽子

[花边编织终点的处理方法]

1 编织终点留出 10cm 左右的线头，剪断，线头从线圈中抽出。

2 线头穿入缝纫针中，将花边编织第 2 针的头针(2 根线)挑起，从外侧插入针，从内侧抽出。

3 从内侧将针插入最后一针中，再从外侧抽出。拉紧线，与其他短针的头针大小保持一致。

4 这样处理后，编织终点的针脚整齐漂亮。3~4cm 的线头藏到织片反面。

39.41.43. 背心

图片*39. …P48 41. …P52 43. …P53

●39.的材料

Hamanaka Softy Tweed / 9（茶色）…130g

直径1.5cm的纽扣…4颗

●41.的材料

Hamanaka Softy Tweed/ 6（胭脂色）…85g，3（浅灰色）…35g，7（藏蓝色）…25g

直径1.5cm的纽扣…4颗

●43.的材料

Hamanaka Softy Tweed/ 8（深灰色）…105g，5（粉色）…30g

子母扣…4对

●针

Hamanaka AmiAmi两用钩针 RakuRaku 5/0号

●标准织片

花样编织：19针×12行/10cm²

●成品尺寸

胸围65.5cm，肩背宽23cm，衣长34.5cm

●编织方法

1 编织衣身

锁针133针起针，将锁针的里山挑起后编织第1行，再接着前后身片编织。39.43.用一种颜色，41.编织起点的10行需替换颜色编织。

2 订缝肩部

肩部用卷针订缝的方法处理（参照P49）。

3 编织花边

在下摆左侧接线，从下摆、前端、领口挑针，看着正面编织3行。39.41.的第3行为短针，43.为小链针。编织袖口时，在侧边接线，编织。

4 完成

39.41.在右前襟缝纽扣。左前方的扣眼可以利用针目的缝隙，内侧绣出锁边缝针迹（参照P49）。43.的子母扣拼接到右前襟反面和左前襟正面的4个位置，编织2个花朵花样，缝到右前襟处。

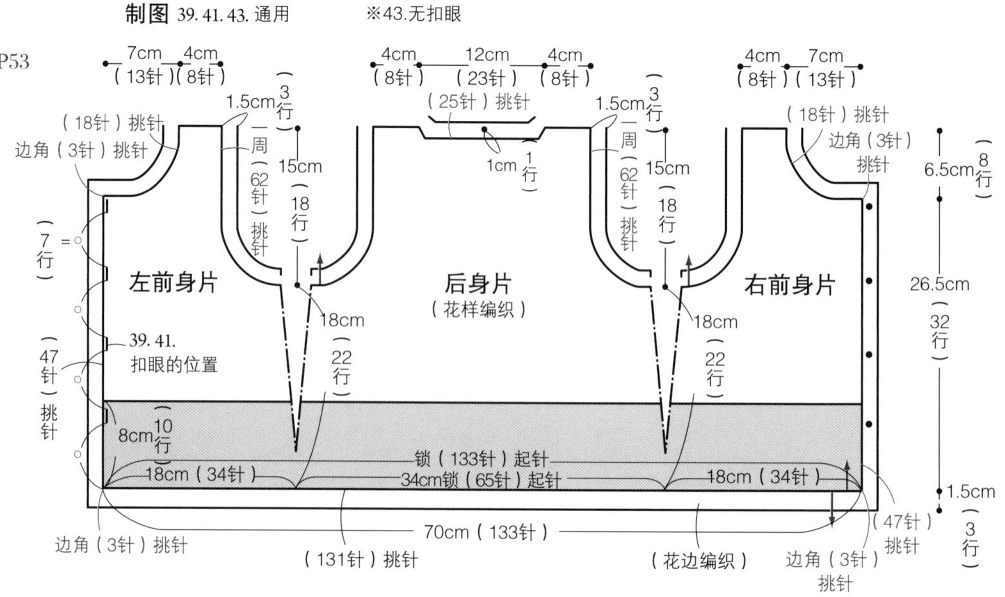

1 编织衣身

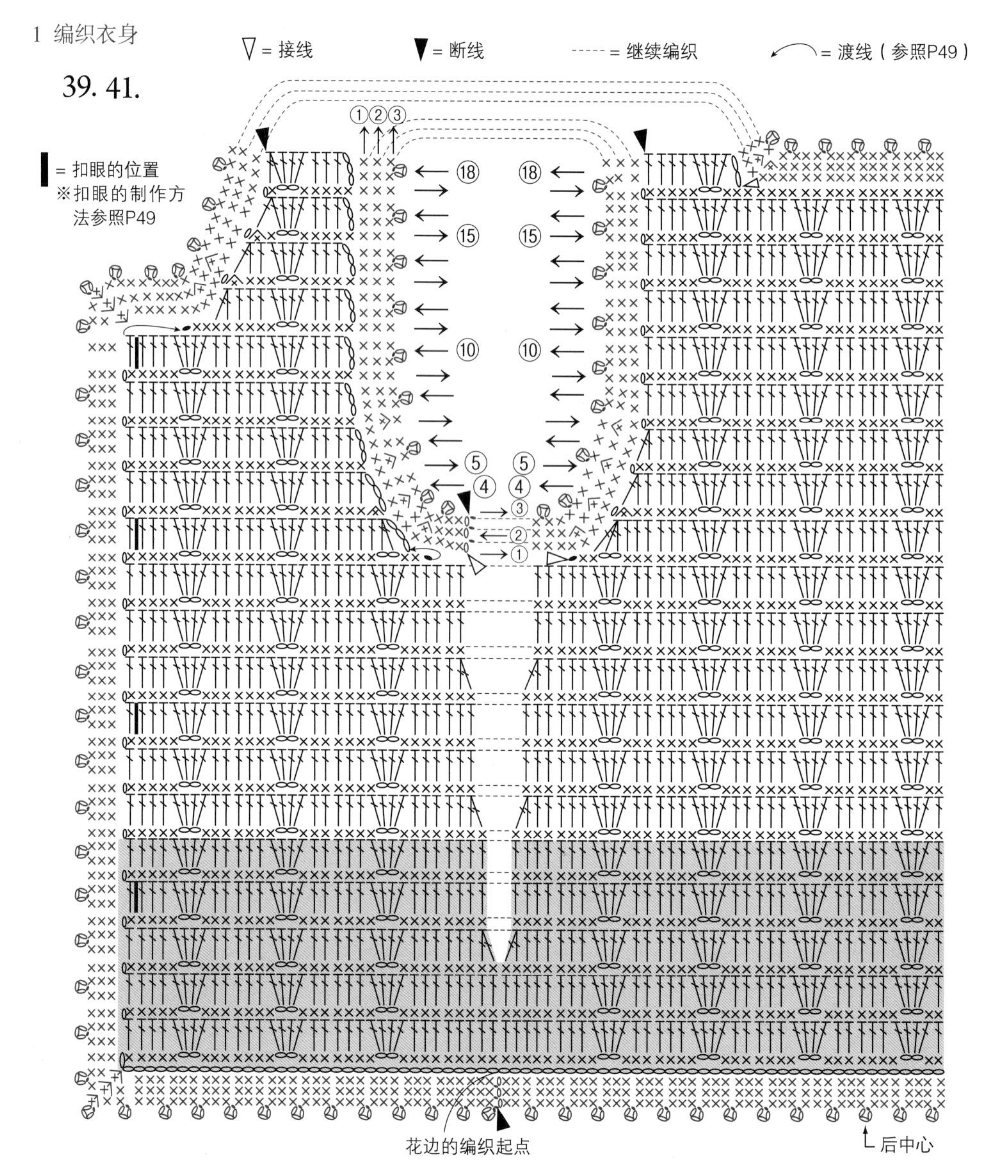

1 编织衣身
2 订缝肩部
3 编织花边
4 完成

43. 花边编织和前襟的处理方法

※花边编织的第3行加入小链针

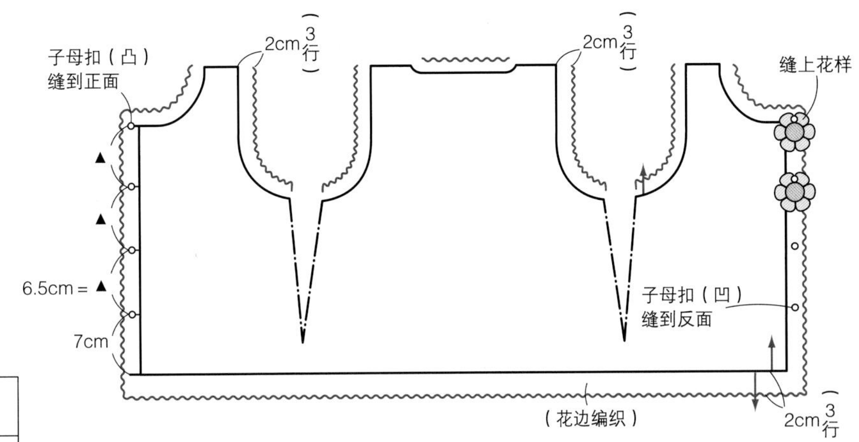

配色表

	衣身 1~10行	衣身 11行~肩部	花边编织
39.	茶色	茶色	茶色
41.	浅灰色	胭脂色	藏蓝色
43.	深灰色	深灰色	粉色

※39.41.花边编织的第3行无需编织小链针，用短针编织一圈即可

43. 花朵花样 2块

5.5cm

圆环

— = 深灰色
— = 粉色

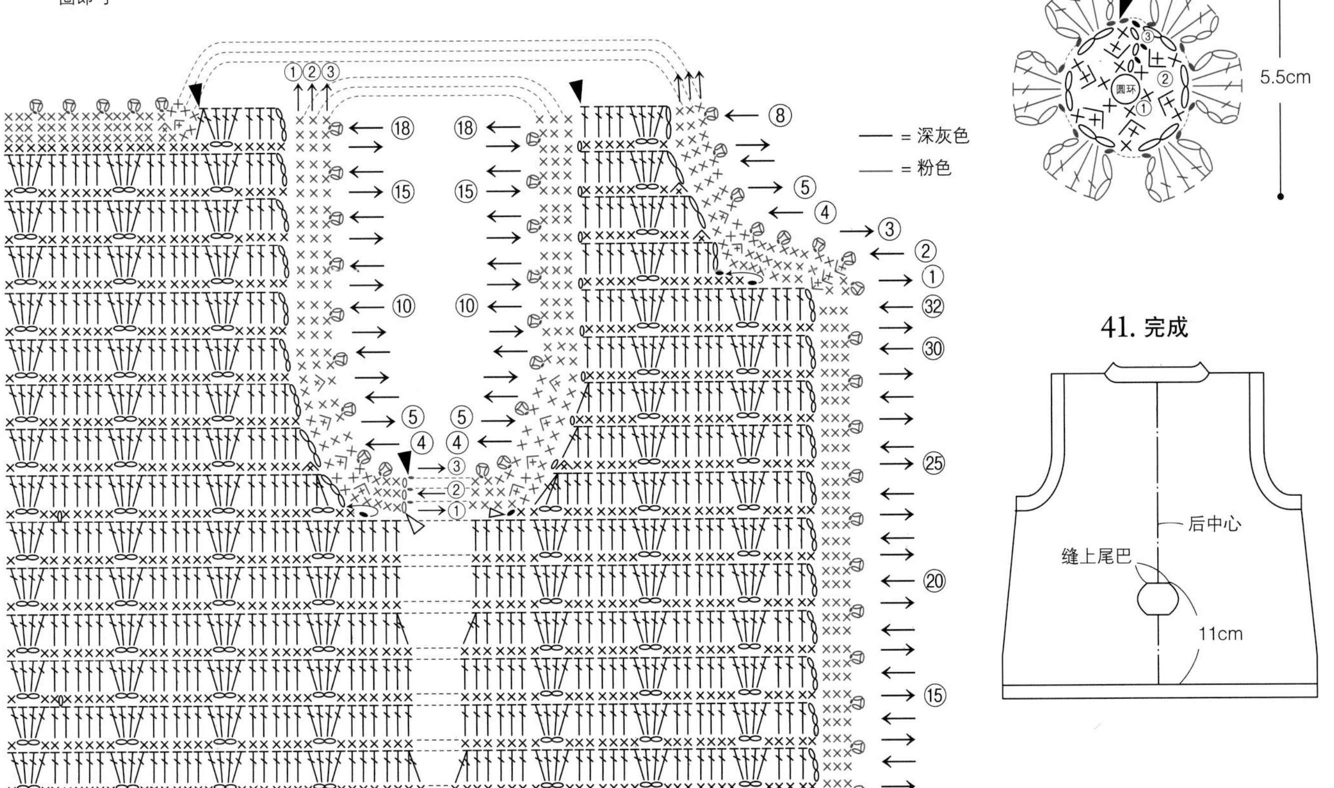

41. 完成

后中心
缝上尾巴
11cm

41. 尾巴 茶色

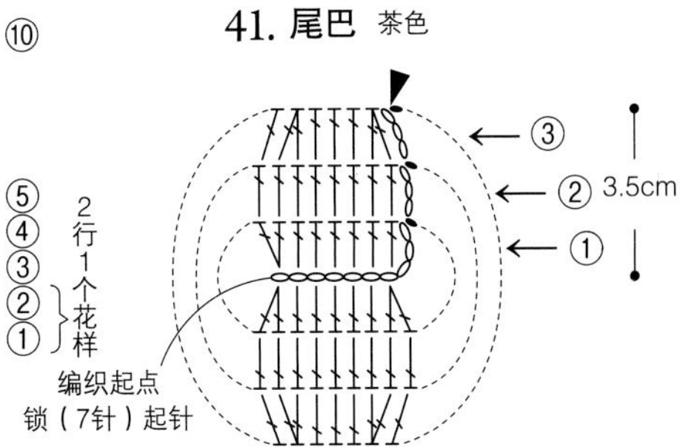

12~24 个月 · 男孩

帽子 · 背心

Cap · Vest

配色时尚的背心，
帽檐别具特色的帽子。
密实的织片，耐穿又不易变形，非常有魅力。

编织方法 * 40.…P54 41.…P50

12~24 个月 · 女孩

帽子 · 背心

Cap • Vest

略感成熟的设计，灰色与粉色的配色。
加入大大的花朵花样，甜美得让人一见倾心。

编织方法＊42.…P54　43.…P50

38.40.42. 帽子

图片*38.…P48 40.…P52 42.…P53

●38.的材料
Hamanaka Softy Tweed/ 9（茶色）…40g
●40.的材料
Hamanaka Softy Tweed/ 6（胭脂色）…30g，3（浅灰色）…5g，7（藏蓝色）…5g
●42.的材料
Hamanaka Softy Tweed/ 8（深灰色）…35g，5（粉色）…10g

●针
Hamanaka AmiAmi两用钩针RakuRaku 5/0号
●标准织片
花样编织：19针×12行/10cm²
●成品尺寸
头围46cm

●编织方法
1 编织帽冠
从帽顶开始编织16行花样编织。
2 编织帽口
减针的同时进行挑针，编织3行短针。
3、4 完成
38.编织耳朵，拼接。
40.编织帽檐，装饰纽扣拼接到帽顶。
42.编织帽檐，拼接花朵花样。

1 编织帽冠
2 编织帽口

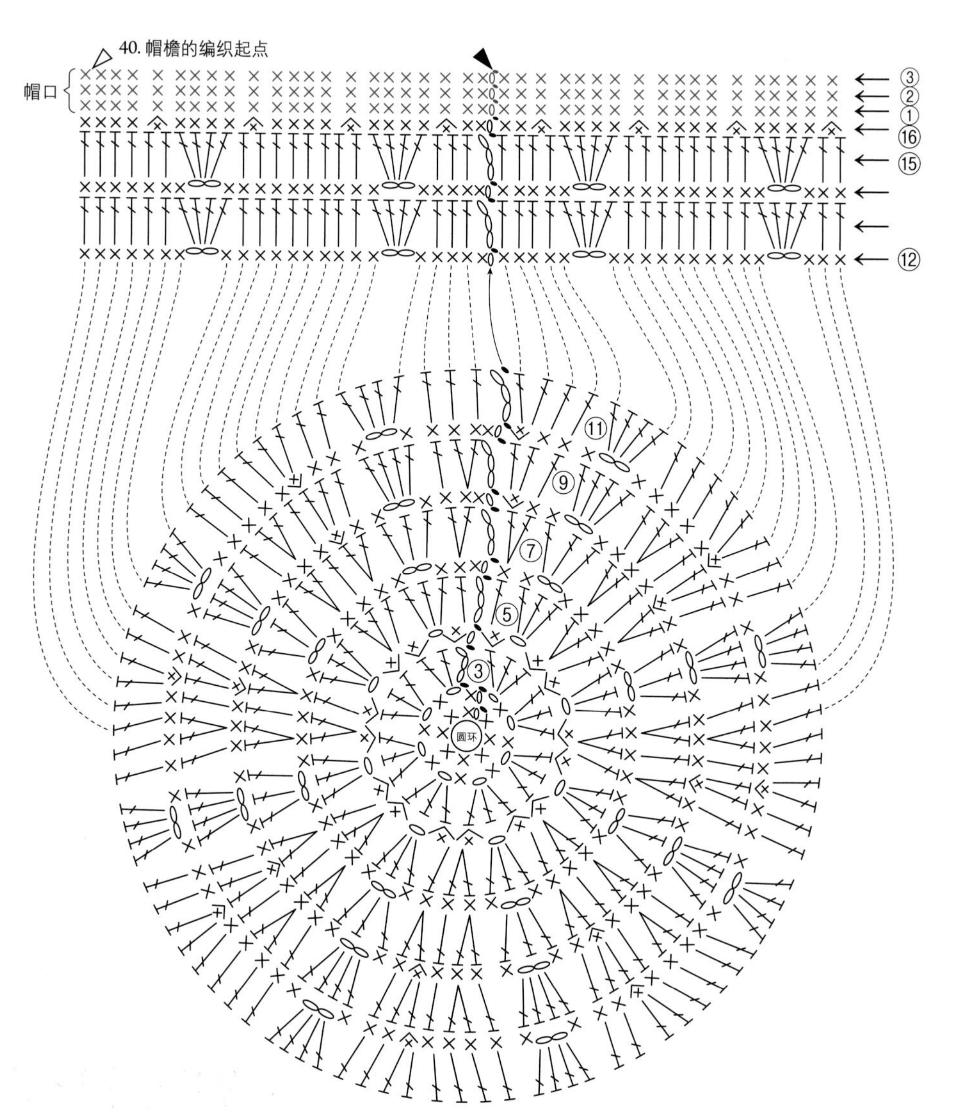

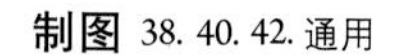
制图 38. 40. 42. 通用

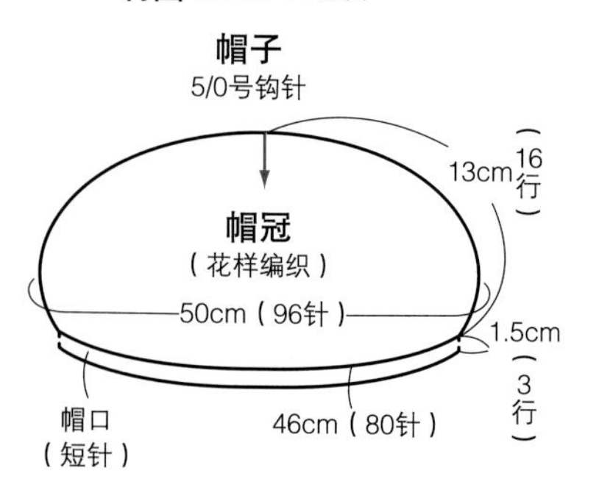

▽ = 接线
▼ = 断线
⌒ = 渡线

配色表

	帽冠	帽口
38.	茶色	茶色
40.	胭脂色	藏蓝色
42.	深灰色	粉色

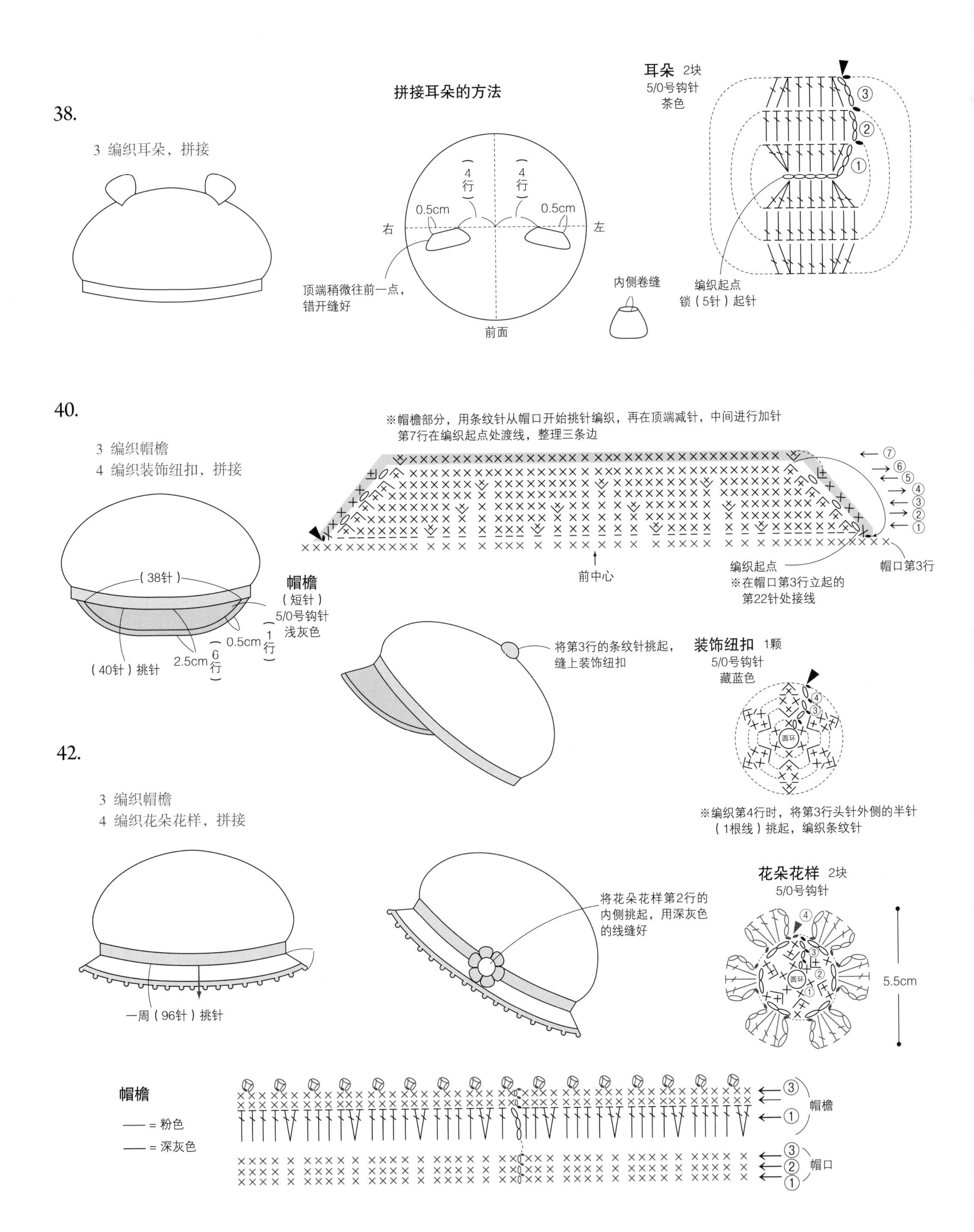

38.
3 编织耳朵，拼接
拼接耳朵的方法
4行
4行
0.5cm
0.5cm
右
左
顶端稍微往前一点，错开缝好
前面
内侧卷缝
耳朵 2块
5/0号钩针
茶色
编织起点
锁（5针）起针
40.
3 编织帽檐
4 编织装饰纽扣，拼接
（38针）
帽檐
（短针）
5/0号钩针
浅灰色
0.5cm
1行
2.5cm
6行
（40针）挑针
※帽檐部分，用条纹针从帽口开始挑针编织，再在顶端减针，中间进行加针
第7行在编织起点处渡线，整理三条边
前中心
编织起点
※在帽口第3行立起的
第22针处接线
帽口第3行
将第3行的条纹针挑起，
缝上装饰纽扣
装饰纽扣 1颗
5/0号钩针
藏蓝色
圆环
※编织第4行时，将第3行头针外侧的半针
（1根线）挑起，编织条纹针
42.
3 编织帽檐
4 编织花朵花样，拼接
一周（96针）挑针
将花朵花样第2行的
内侧挑起，用深灰色
的线缝好
花朵花样 2块
5/0号钩针
圆环
5.5cm
帽檐
—— = 粉色
—— = 深灰色
帽檐
帽口

Part.7

12~24 个月 · 男孩 & 女孩

连帽斗篷 · 短靴

Cape · Short boots

44.

穿上后像小大人般的时尚作品，连帽斗篷 & 短靴套装。
用圈圈纱线编织的花边看起来像绒毛一样，是不是很可爱！

编织方法 * 44. …P58　45. …P62

45.

 ※ 为了更加直观明了，解说图中使用了不同颜色的线

44.46.48 连帽斗篷

[花样的编织方法]

（反面行）

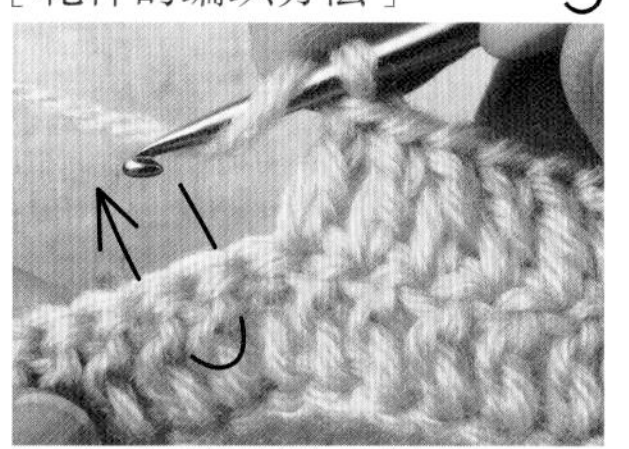

1 针上挂线，按照箭头所示，从外侧将钩针插入上一行长针的尾针中，再从外侧穿出。

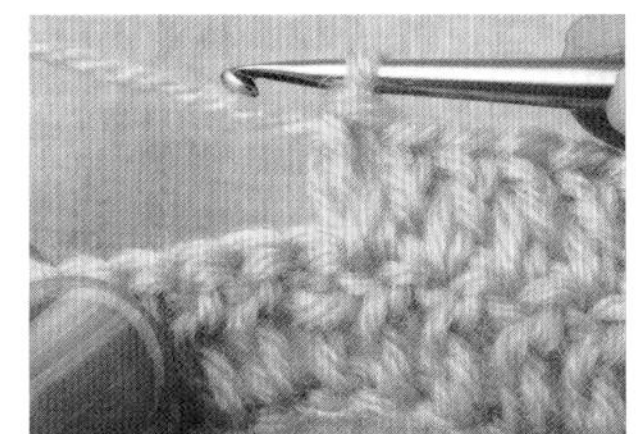

2 拉长线，编织长针。反面行“长针的正拉针”完成。上一行长针的头针出现在内侧。

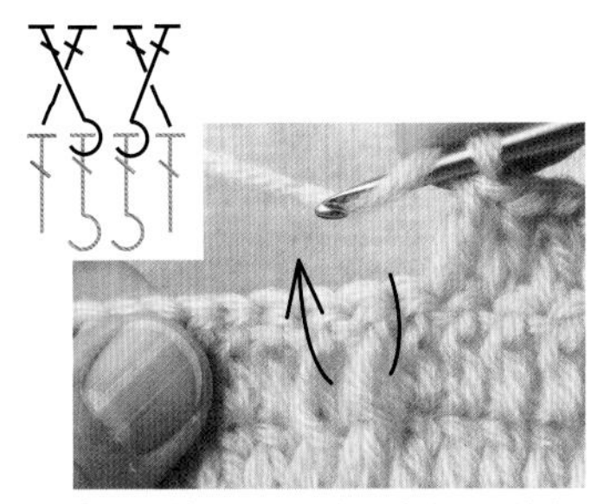

3 编织第3行的花样时，先在针上挂线，然后按箭头所示，从内侧将钩针插入上一行编织引拔针的针目中，从内侧穿出。

4 拉长线，编织长针。正面行“长针的正拉针”完成。

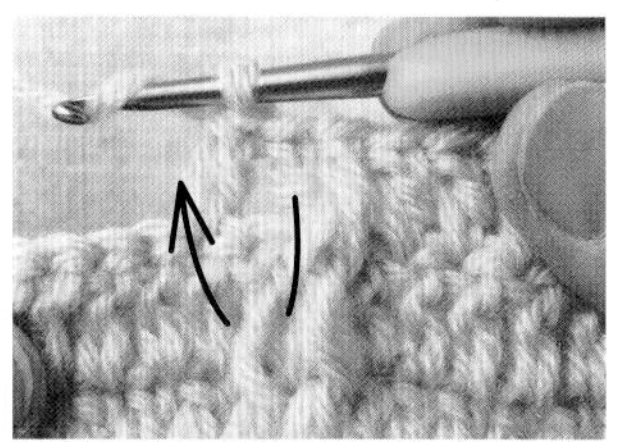

5 编织下面的长针时，先往回移1针，在步骤4拉针的后面插入钩针，编织。接着在往前2针的针目中编织长针。编织下面的拉针时，先在针上挂线，然后按照箭头所示，从内侧将针插入上一行拉针的尾针中，再从内侧穿出。

6 拉长线，编织长针。上一行拉针的头针出现在外侧。

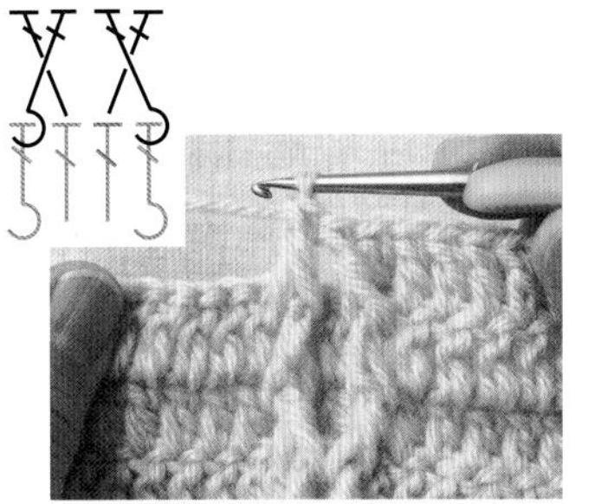

7 编织第5行的花样时，与步骤3交错。编织1针长针，然后编织正面行的“长针的正拉针”2针。下面的长针先往回移1针，然后在拉针的后面插入钩针，编织。

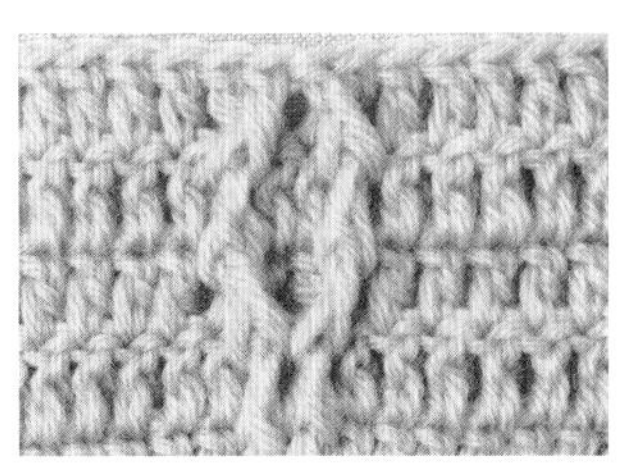

8 编织5行后如图。花样沿纵向浮于织片上方。

45. 47. 49. 短靴

[鞋腕的编织拼接方法]

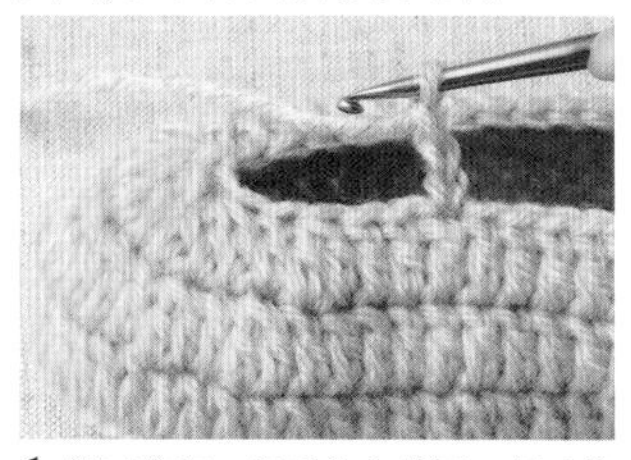

1 侧面编织3行后拉大线圈，暂时停下线。在立起的第10针锁针处拼接同色的新线，编织3针锁针。

2 在另一侧的同一位置用引拔针编织拼接。处理线头时留出10cm左右的线头，剪断后从线圈中穿出。

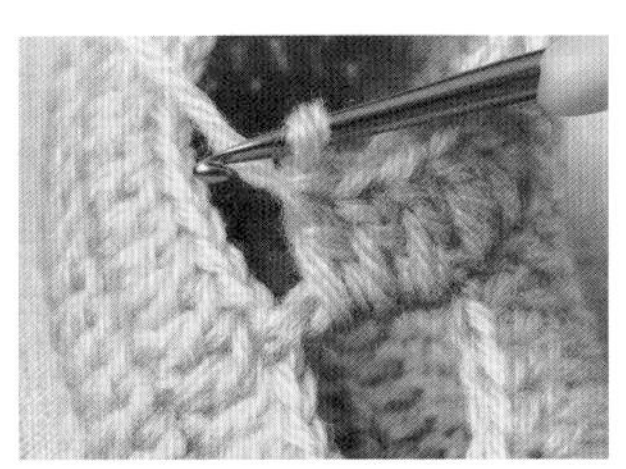

3 用之前暂时停下的线继续编织第4行，带有锁针的长针头针中也织入长针。接着将锁针针目成束挑起，包住锁针部分，编织3针长针。

4 另一侧带有锁针的头针中也织入长针，接着包住线头，同时编织鞋腕的长针。

[底面引拔针的编织方法]

1 在底面最终行引拔编织的针目中插入钩针，接线。

2 在侧面第1行剩余的内侧半针（1根线）中编织拼接。

3 编织终点处留出10cm左右的线头，剪断后从线圈中穿出。线头穿入缝纫针中，从外侧插入起始的锁针针目中，再接着从内侧插入最后的针目中。

4 拉动线，与其他针目的大小保持一致，线头藏到织片中。

44.46.48. 连帽斗篷

图片*44. …P56 46. …P60 48. …P61

●44.的材料

Hamanaka Wanpaku Denis/31（米褐色）…210g，Hamanaka Sonomono Loop/51（本白）…45g

松紧编织线…50cm

直径2cm的纽扣…2颗

●46.的材料

Hamanaka Wanpaku Denis/34（浅灰色）…230g

●48.的材料

Hamanaka Wanpaku Denis/15（胭脂色）…250g

●针

Hamanaka AmiAmi两用钩针RakuRaku 5/0号、8/0号

●标准织片

花样编织：20针 × 9.5行/10cm²

●成品尺寸

衣身不限，长29.5cm，帽长23cm

●编织方法

※Wanpaku Denis用5/0号钩针，Sonomono Loop用8/0号钩针。

1 编织斗篷

编织206针锁针起针，第1行将锁针的里山挑起后编织长针。从第2行开始织入长针的拉针花样（参照P57），分散减针的同时编织25行。

2 编织帽子

接着斗篷的针目，在后身中央9针的中间加5针，再编织第1行。第2行、第3行也需要加针，用72针编织至17行。从18行开始在中央分成左右部分，减针编织帽顶。

3 订缝帽顶

分开编织的行与编织终点的针目用卷针订缝的方法（参照P49）缝合。

4 编织花边

在下摆的左侧附近接线，再在下摆、前端、帽子周围编织花边。

5 完成

44.用引拔针将后领口收紧。制作两头各有一个扣眼的扣袢，一端缝到斗篷的上部，再在左右各缝上一颗纽扣。46.48.从斗篷的第24行穿入绳带。

配色表

	斗篷帽子	花边编织
44.	米褐色	第1行　米褐色 第2、第3行　本白
46.	浅灰色	浅灰色
48.	胭脂色	胭脂色

1 编织斗篷
2 编织帽子
3 订缝帽顶
4 编织花边　　5 完成（参照P63）

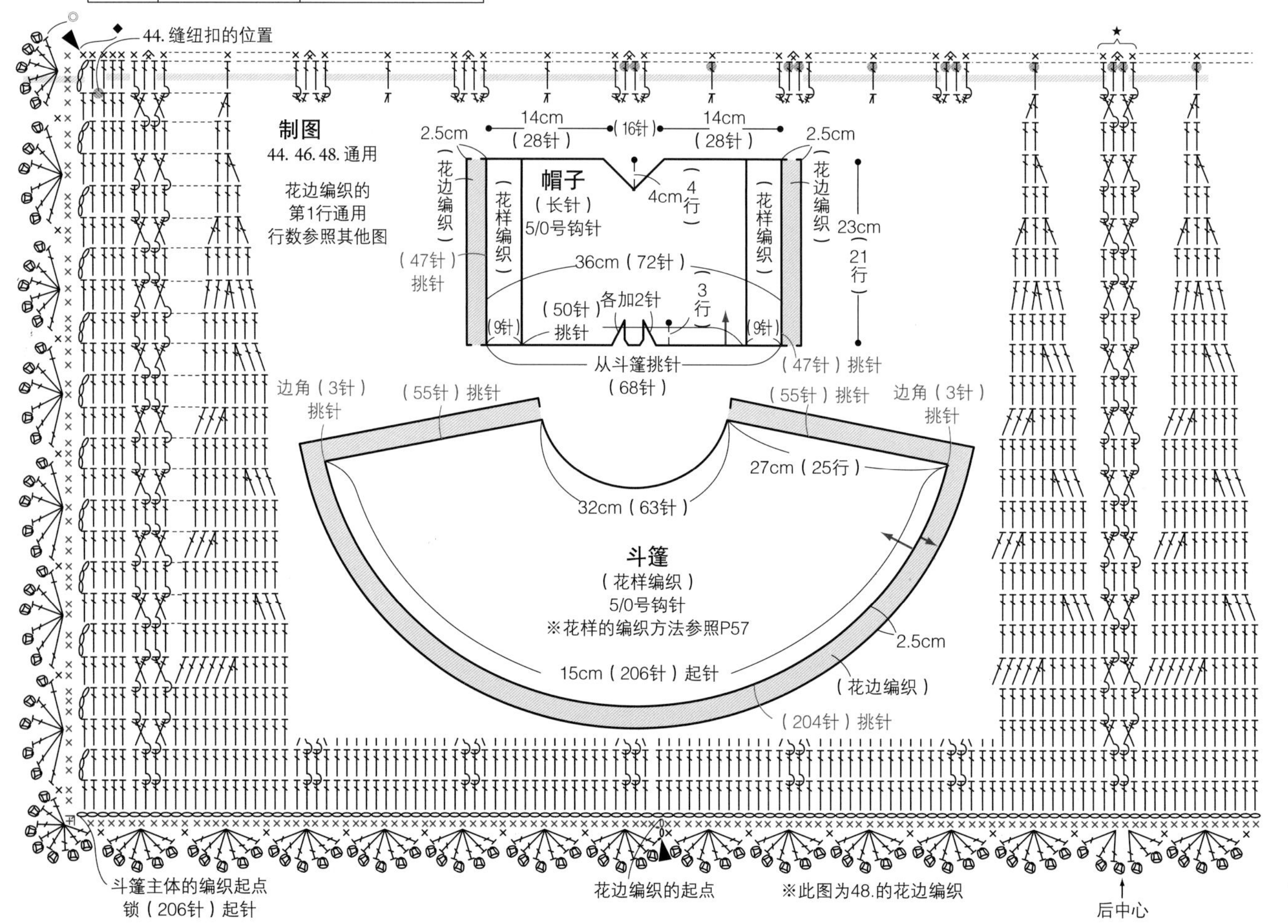

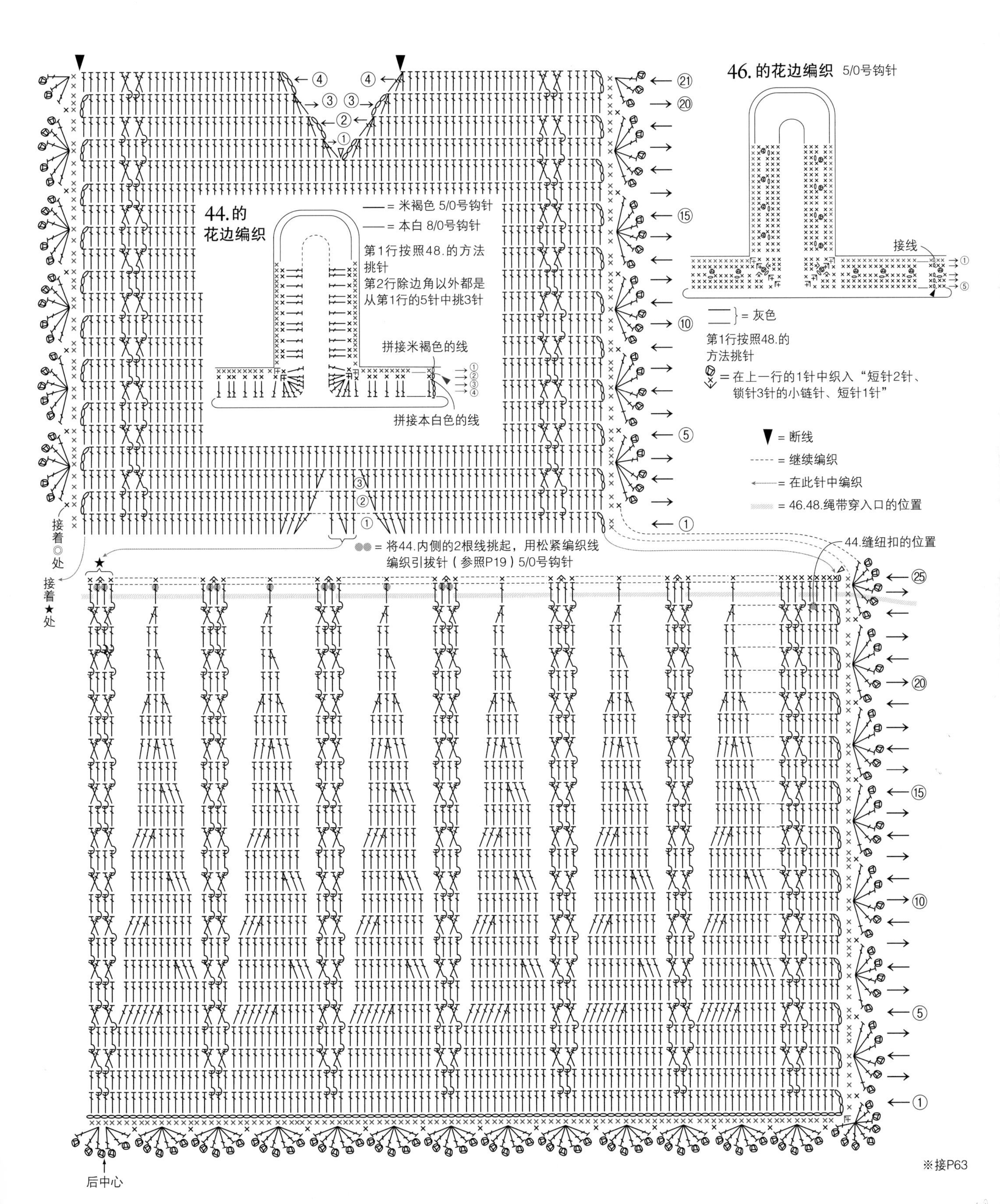

44.的
花边编织
—— = 米褐色 5/0号钩针
—— = 本白 8/0号钩针
第1行按照48.的方法挑针
第2行除边角以外都是从第1行的5针中挑3针
拼接米褐色的线
拼接本白色的线
46.的花边编织 5/0号钩针
接线
} = 灰色
第1行按照48.的方法挑针
= 在上一行的1针中织入“短针2针、锁针3针的小链针、短针1针”
= 断线
= 继续编织
= 在此针中编织
= 46.48.绳带穿入口的位置
接着◎处
接着★处
= 将44.内侧的2根线挑起，用松紧编织线编织引拔针（参照P19）5/0号钩针
44.缝纽扣的位置
后中心

※接P63

12~24 个月・男孩

连帽斗篷・短靴

Cape・Short boots

一眼看上去花样有些复杂，但掌握技巧后，初学者也没问题。
慢慢地，花样一个个浮现在眼前，心里也有几分感动。
对于男孩来说，这样的设计简洁实用。

编织方法＊46. …P58　47. …P62

12~24 个月 · 女孩

连帽斗篷 · 短靴

Cape · Short boots

可爱的女孩当然要配红色的斗篷。
花边采用荷叶边的设计，浪漫可人，想要打扮一下的日子就选它吧。
编织方法＊48. …P58　49. …P62

45.47.49. 短靴

图片*45. …P56 47. …P60 49. …P61

●45.的材料
Hamanaka Wanpaku Denis/31（米褐色）…30g，
Hamanaka Sonomono Loop/51（本白色）…10g
直径1.5cm的纽扣…2颗

●47.的材料
Hamanaka Wanpaku Denis/34（浅灰色）…30g
直径1.5cm的纽扣…2颗

●49.的材料
Hamanaka Wanpaku Denis/15（胭脂色）…35g

●针
Hamanaka AmiAmi两用钩针RakuRaku 5/0号、8/0号

●标准织片
长针编织：20针×9.5行/10cm²

●成品尺寸
参照图

●编织方法
※Wanpaku Denis用5/0号钩针编织，Sonomono Loop用8/0号钩针编织。

1 编织底面、侧面
编织锁针14针起针，第1行将锁针的两侧挑起，编织成“圆环”。编织至3行制作出底面。第4行在内侧形成条状，将外侧的半针挑起后编织。接着编织侧面的3行。

2 编织鞋腕
侧面偏前侧编织3针锁针过渡，然后从侧面的后侧和锁针处挑针。45.47.49的1行长针与1行短针通用。45.编织1行短针，47.编织2行短针，再进行1行花样编织。

3 完成
拼接45.鞋腕装饰和鞋带。47.的鞋带缝到后面中心处。49.穿入绳带，顶端拼接绒球。

配色表

	底面・侧面・鞋腕
45.	米褐色
47.	浅灰色
49.	胭脂色

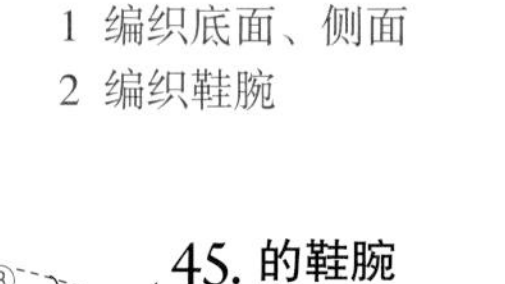

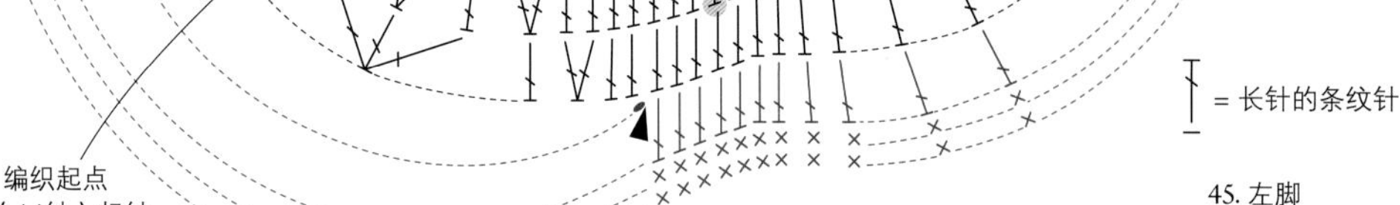

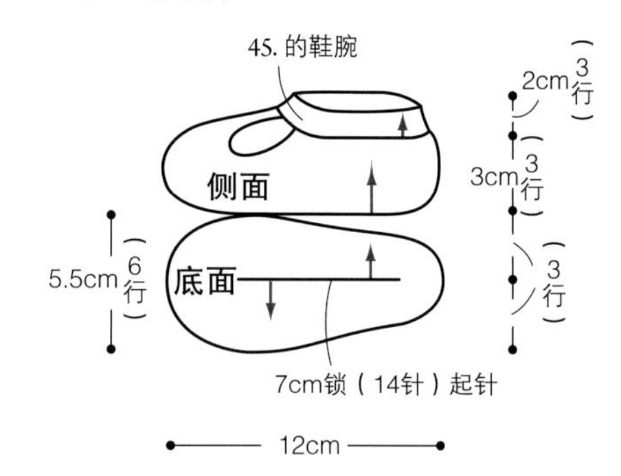

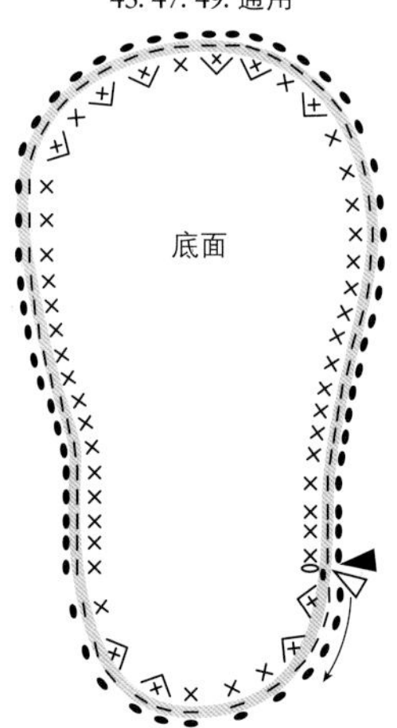

将底面第3行短针头针的剩余半针挑起后编织引拔针（参照P57）

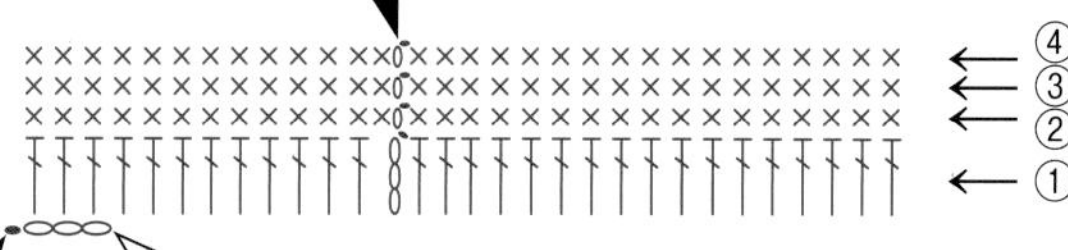

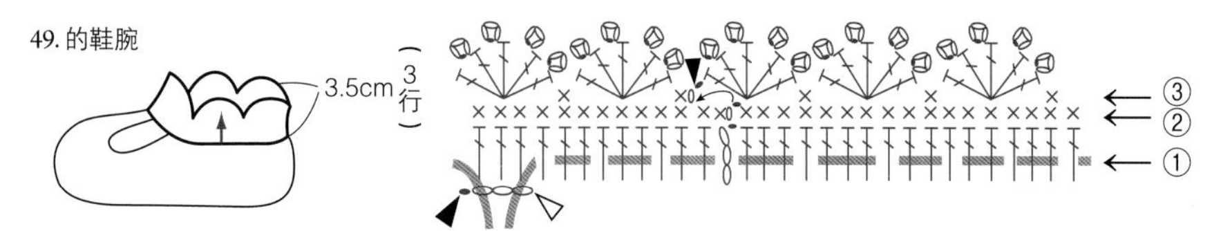

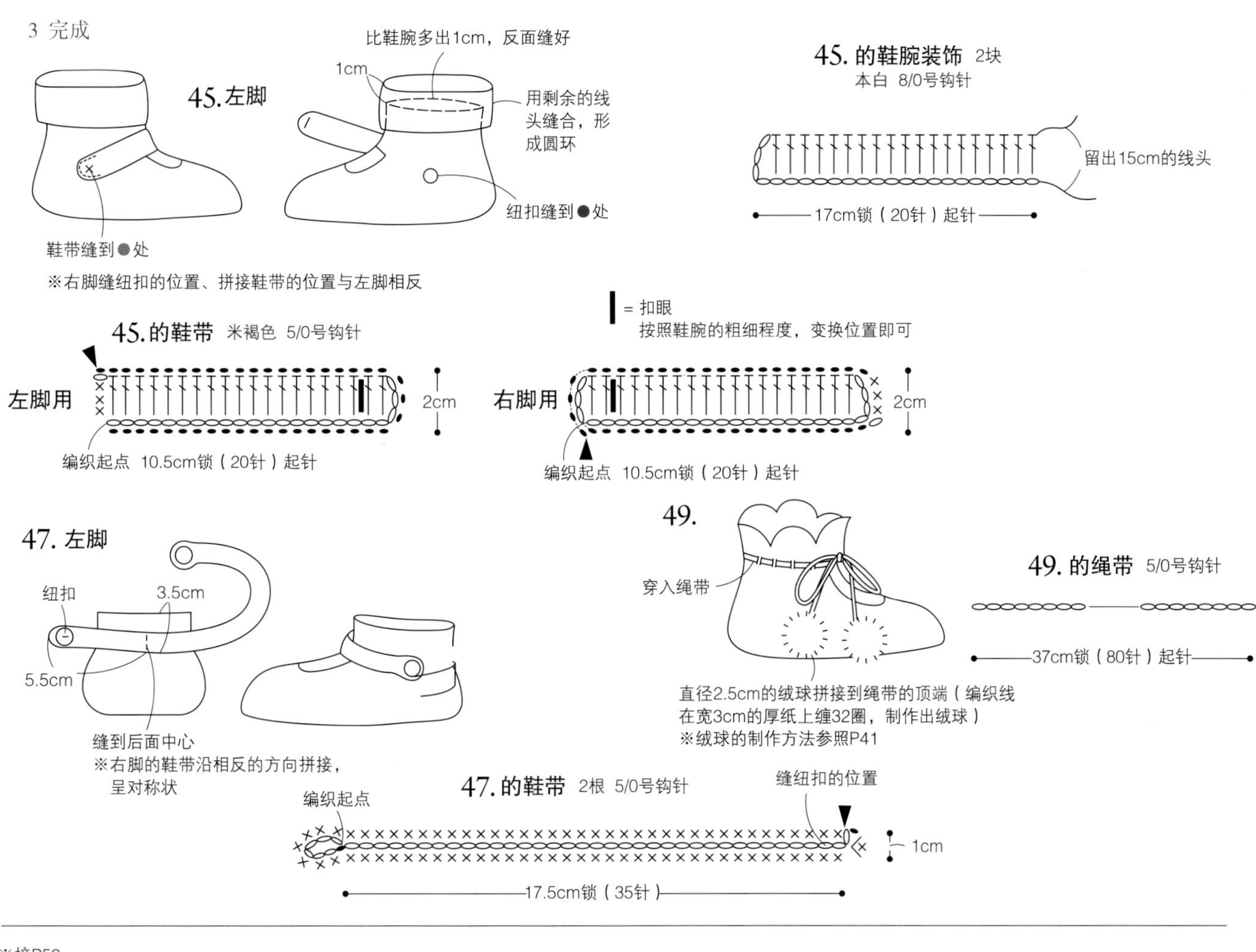

※接P59

44. 46. 48. 连帽斗篷

5 完成

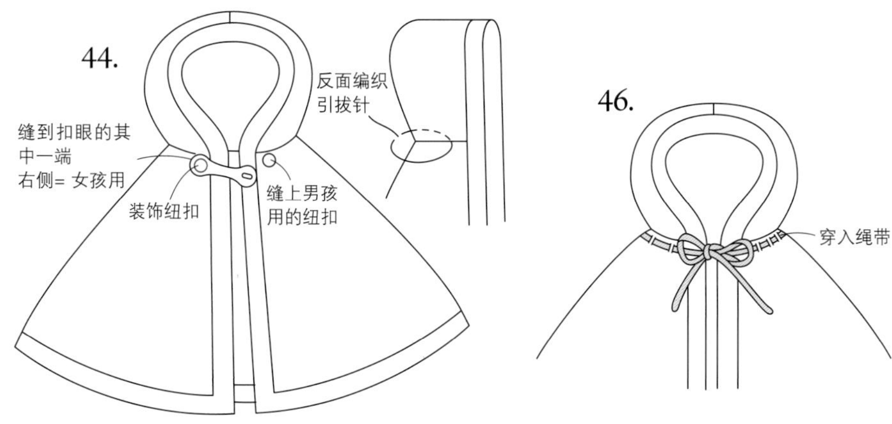

直径4.5cm的绒球拼接到绳带的顶端（编织线在宽5cm的厚纸上缠60圈，制作出绒球）
※绒球的制作方法参照P41

44. 的扣眼 米褐色 5/0号钩针

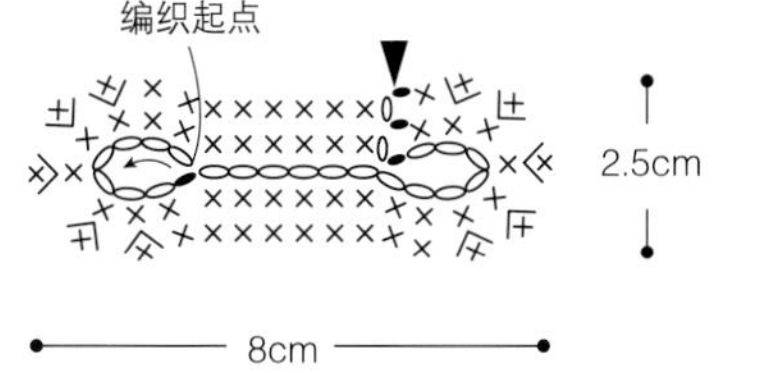

46. 的绳带 灰色 5/0号钩针

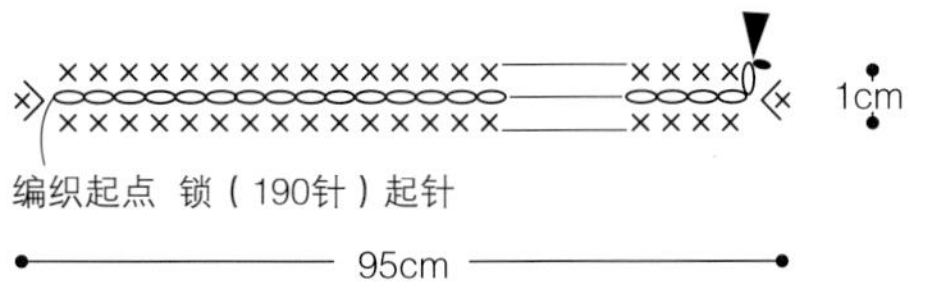

48. 的绳带 胭脂色 5/0号钩针

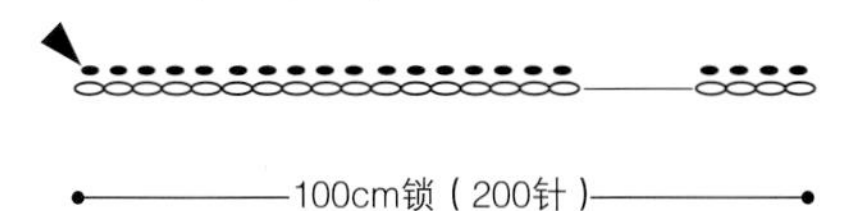

Part.8

12~24 个月・女孩

背心裙・头巾

Jumper skirt • Babushka

裙子是女孩的时尚特权。
头巾搭配裙子，
早熟又可爱。
妈妈都忍不住露出了笑颜。

编织方法＊50.…P70　51.…P66

Part.8 重点步骤解说

※ 为了更加直观明了，解说图中使用了不同颜色的线

50. 头巾

［网的编织方法］

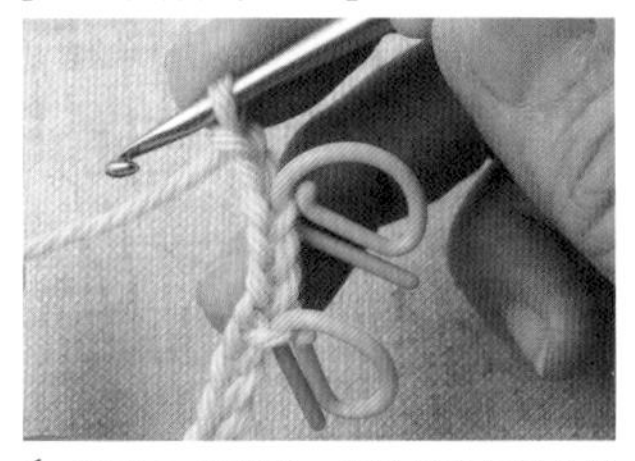

1 编织89针锁针，在最后的针目处做标记。然后再编织3针立起的锁针，做标记。第2个标记处的针目表示下一行织入长针。

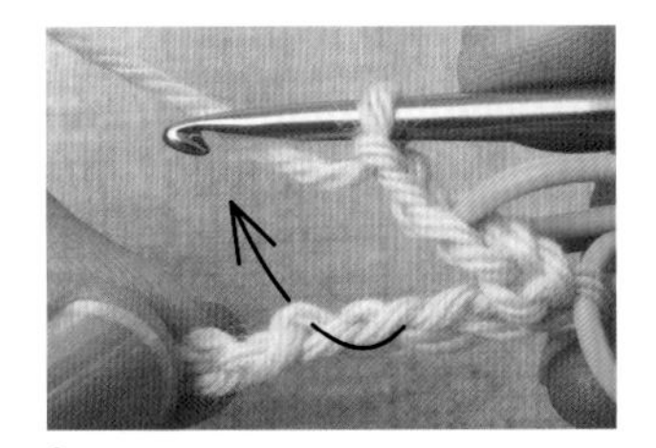

2 从第1个标记处往回移4针，按箭头所示将钩针插入针目的里山中，编织短针。重复“锁针5针、1针短针”。

3 第1行的编织终点处，在起始的起针中织入长针。织片的左端转到内侧，拿好，变换织片的方向后编织5针锁针。

4 第2行之后的短针均是将上一行的锁针成束挑起后编织。第2行的编织终点处在第2行标记处的针目中织入长针。两端的长针都是在上一行的第3针锁针中编织。

52.53. 背心裙・发圈

［花朵花样的编织方法］

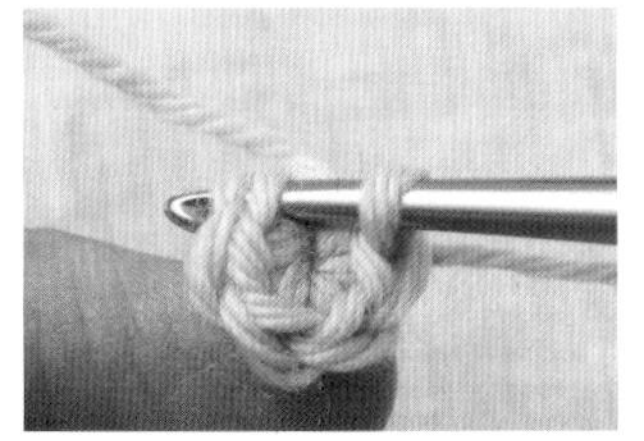

1 留出20cm左右的线头，用“圆环”起针，编织第1行的5针短针。最后在第1针短针的头针中织入引拔针。

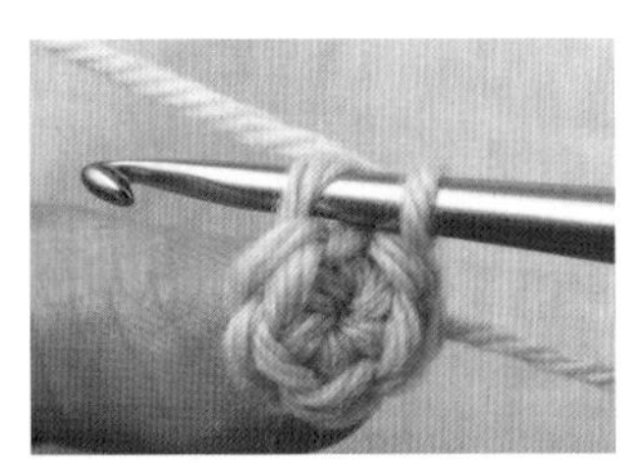

2 将钩针插入上一行短针头针的外侧半针（1根线）中，编织第2行的短针。

3 接着再编织3针锁针，重复“再上一行短针头针外侧的半针中编织1针短针、锁针3针”，编织一圈。最后在第1针短针的头针中编织引拔针。

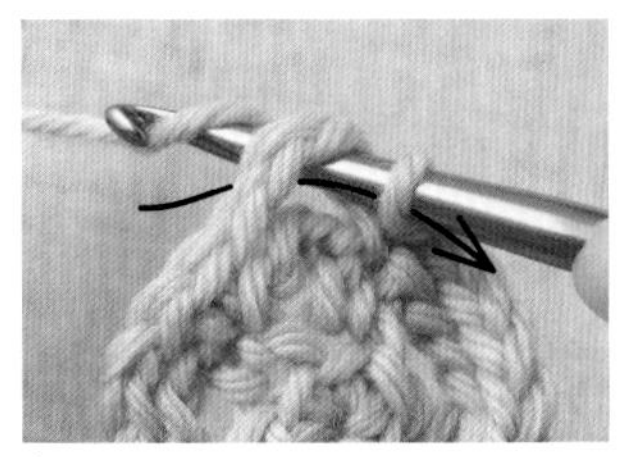

4 编织第3行时，用短针和4针锁针编织一圈，最后再编织引拔针。编织第4行时，先将钩针插入第3行锁针的下方，成束挑起，再在针上挂线，按照箭头所示引拔编织。

5 编织3针立起的锁针，再将第3行的锁针挑起，编织5针长针。

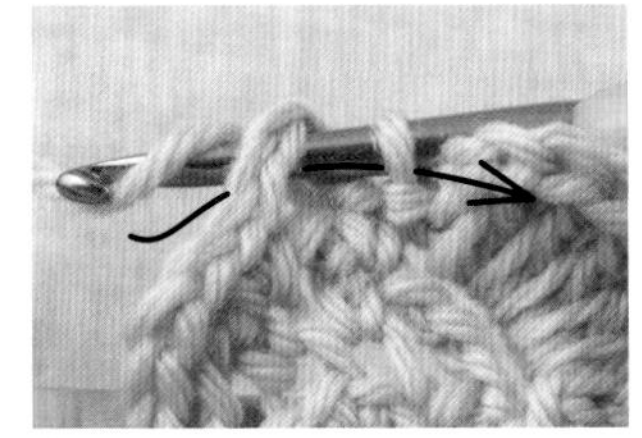

6 编织3针锁针、1针引拔针，完成1个花样。接着将相邻的锁针成束挑起，编织引拔针。按照同样的要领编织5个花样，编织完最后的引拔针后剪断线。

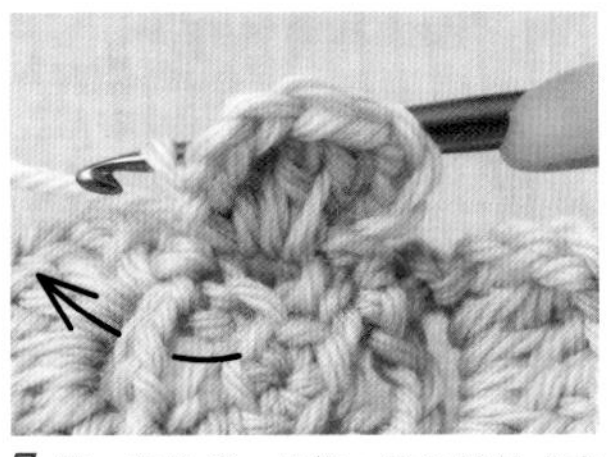

7 第5行换线，将第2行的锁针成束挑起后编织。

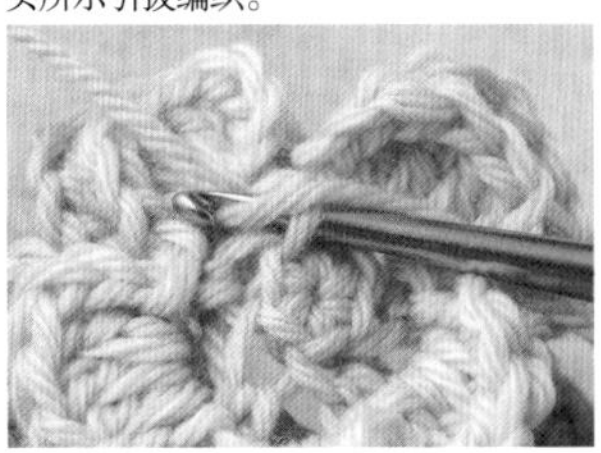

8 第6行换线，在第1行短针头针剩余的内侧半针（1根线）处编织。

55. 饰花发圈

［饰花的编织方法］

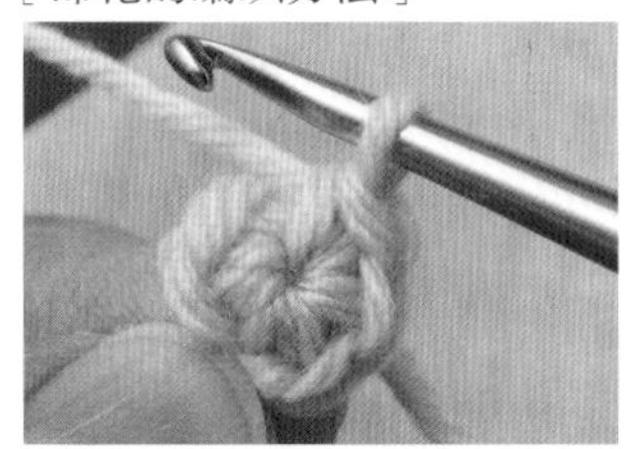

1 用“圆环”起针，编织第1行的6针短针。最后在第1针短针的头针中织入引拔针，编织第2行的引拔针时，在上一行短针头针的内侧半针（1根线）中编织。

2 编织4针锁针、引拔针。引拔针有的是在同一针目中编织，有的是在下一个针目中编织，需要注意。编织完一圈后，在起始的针目中织入引拔针，剪断线。

3 第3行换线，在第1行短针头针剩余的外侧半针（1根线）中接线。4针立起的锁针、3针长长针都是在同一半针中编织，接着再编织4针锁针。

4 在同一半针中编织引拔针，完成1个花样。按照同样的要领编织一圈，最后在起始的针目中织入引拔针。

51.52.54. 背心裙

图片*51. …P64 52. …P68 54. …P69

●51.的材料

Hamanaka Exceed Wool <FL>/ 202（米褐色）…160g

直径1.5cm的纽扣…3颗

直径1.2cm的纽扣…1颗

●52.的材料

Hamanaka Exceed Wool <FL>/ 226（藏蓝色）…176g，202（米褐色）、228（灰色）…各少许

直径1.2cm的纽扣…1颗

●54.的材料

Hamanaka Exceed Woll <FL>/ 201（本白）…30g，212（粉色）…130g

直径1.2cm的纽扣…1颗

直径3mm的珍珠串珠…9颗

●针

Hamanaka AmiAmi两用钩针RakuRaku 5/0号、6/0号

●标准织片

花样编织（5/0号钩针）：1个花样3.5cm，8行10cm

●成品尺寸

胸围54cm，肩背宽21cm，衣长42.5cm

●编织方法

1 编织衣身

前身片、后身片均是编织64针锁针起针，编织第1行时将锁针的里山挑起后编织短针。从第2行开始织入花样。

2 编织裙摆

沿衣身起针的反方向挑针，中途变换不同粗细度的钩针，按照图示方法无加减针编织25行。

3 编织花边的短针

肩部用锁针订缝（参照P13），两侧用锁针接缝（参照P13）。

4 完成

51.拼接3颗装饰纽扣。52.纵向拼接2个花朵花样，54.横向拼接3个花朵花样。

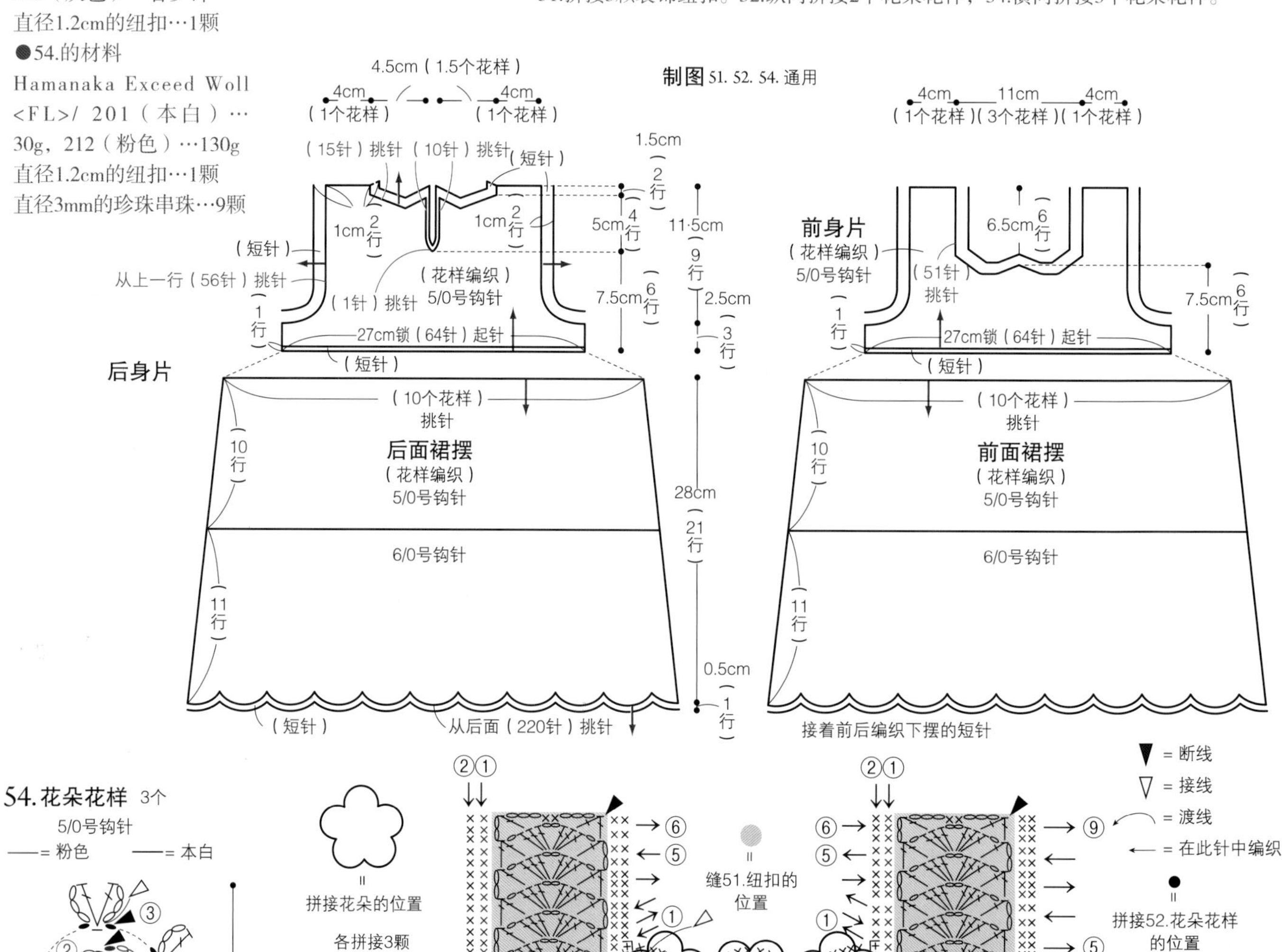

54.花朵花样 3个

5/0号钩针

——=粉色 ——=本白

3~3.5cm

圆环

拼接花朵的位置

各拼接3颗珍珠串珠

缝51.纽扣的位置

▼=断线

▽=接线

=渡线

←=在此针中编织

●=拼接52.花朵花样的位置

※花朵花样的编织方法参照P71的53.

编织起点 锁（64针）起针

※裙摆按照后面的方法编织

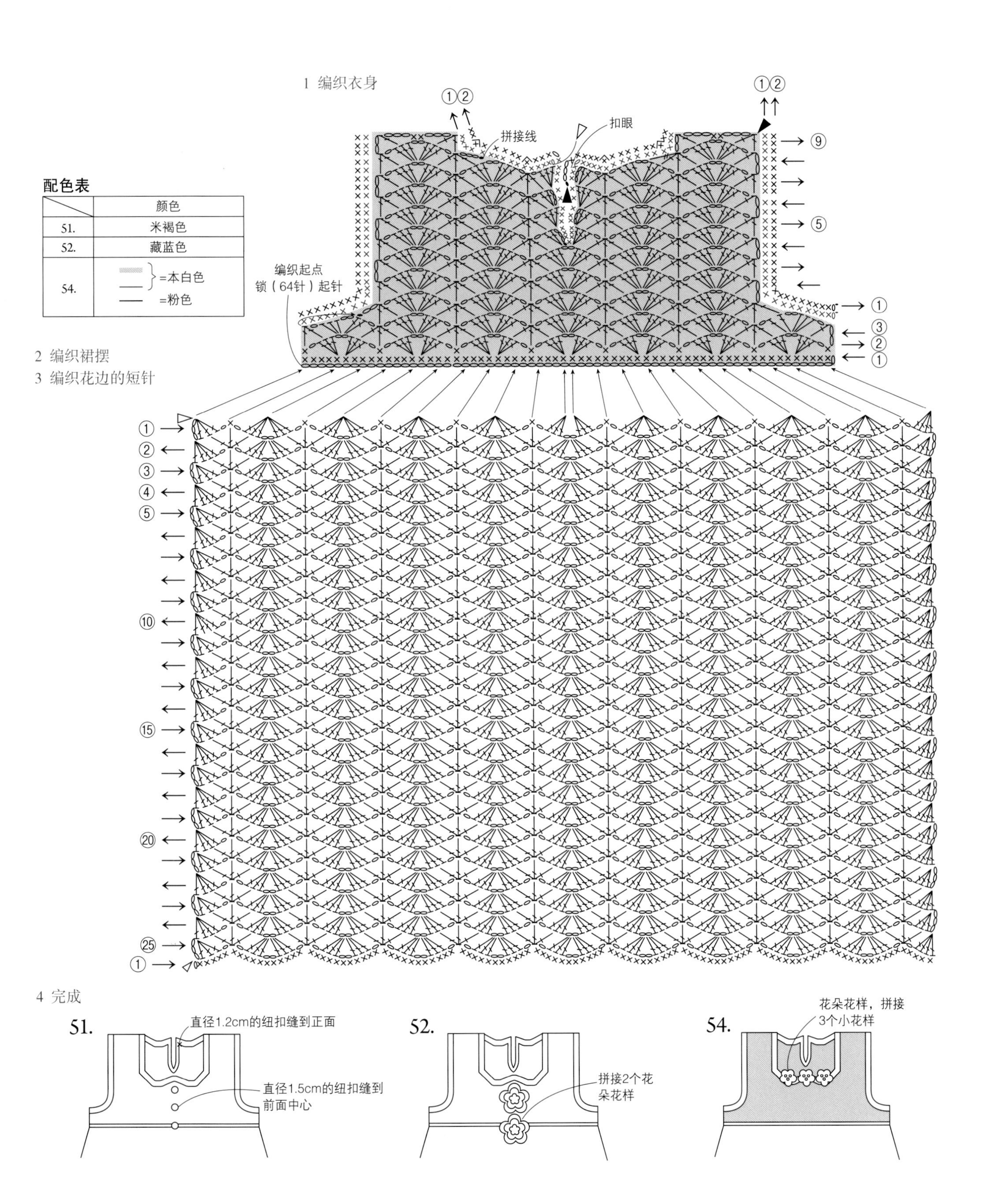

配色表

	颜色
51.	米褐色
52.	藏蓝色
54.	} =本白色 =粉色

12~24 个月・女孩

背心裙・发圈

Jumper skirt・Hair rubber

52.

53.

成熟的藏蓝色，加上立体的花朵饰花，
略微俏皮的装点更具魅力。
推荐搭配衬衣和针织衫。

编织方法＊52. …P66　53. …P71

可爱的牛奶色，用女孩背心裙的同一颜色编织的饰花发梳。
不论是在什么场合，
都能让宝宝成为公主范儿的主角。

编织方法＊54. …P66　55. …P71

50. 头巾

图片*P64

●材料

Hamanaka Exceed Wool <FL>/ 201（本白）、202（米褐色）…各15g

直径1.5cm的纽扣…2颗

●针

Hamanaka AmiAmi两用钩针RakuRaku 5/0号

●标准织片

网状编织：22针 × 11.5行/10cm²

●成品尺寸

宽40cm，长21cm

●编织方法

1 编织主体

用本白色编织89针锁针起针，左右各减半针，同时用网状编织的方法织入22行。

2 编织绳带和花边

绳带用米褐色编织62针锁针起针，再接着主体的花边编织。编织另一侧绳带的起针，用1行短针编织三角形的花边。接着编织绳带的引拔针，头部周围织入锁针和短针，在绳带的顶端剪断线。接线，在三角的边缘编织锁针和短针组合的花边。

3 完成

花朵花样、纽扣缝到绳带的底部。

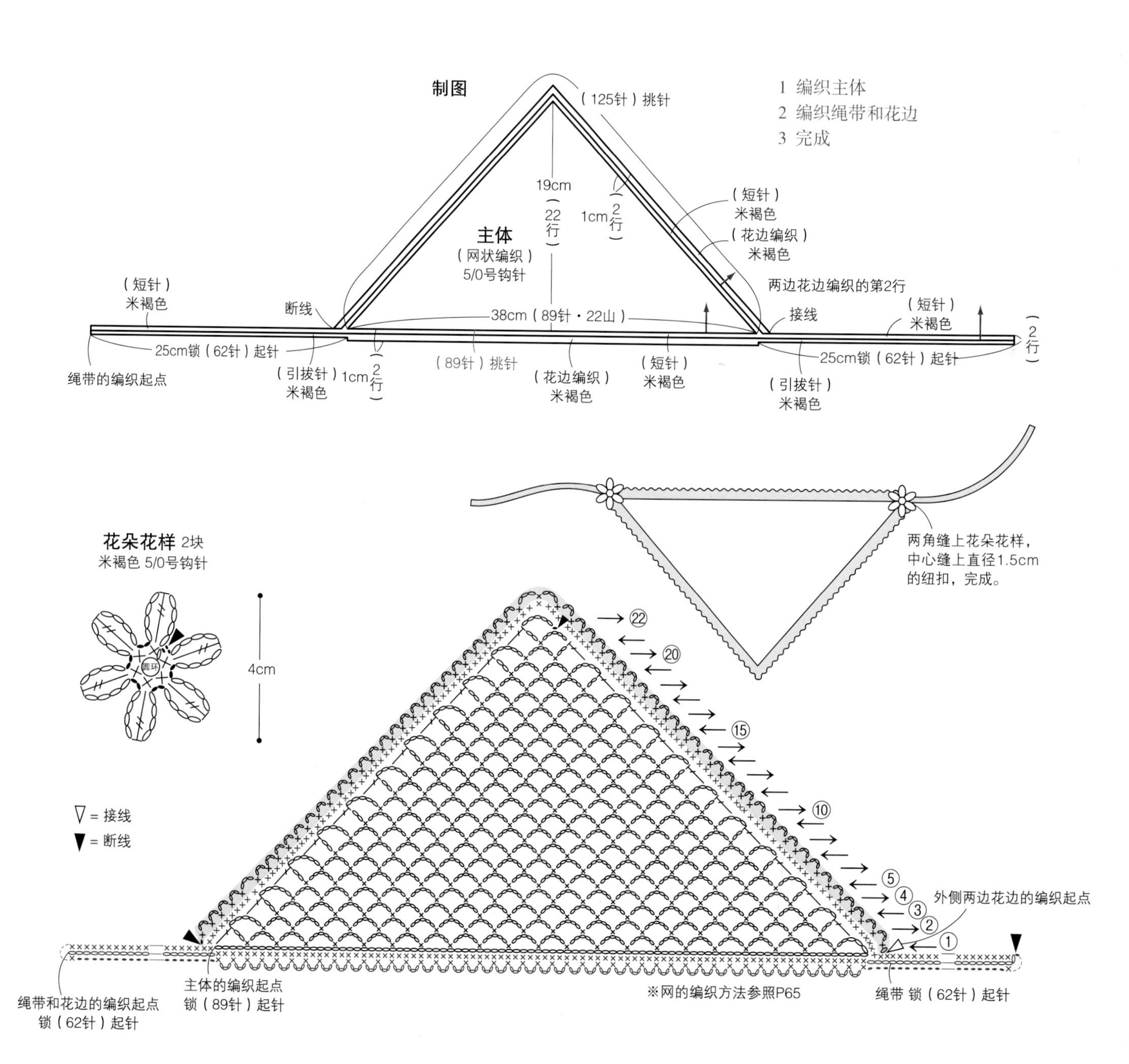

53. 发圈

图片*P68

●材料

Hamanaka Exceed Wool <FL>/ 202（米褐色）、226（藏蓝色）、228（灰色）…各少许

圆形皮筋34cm

●针

Hamanaka AmiAmi两用钩针RakuRaku 5/0号

●成品尺寸

参照图

●编织方法

用线头制作圆环起针，接着用藏蓝色线编织4行，再剪断线。第2行接入灰色线，第1行接入米褐色线，然后再分别编织花边。皮筋穿入反面，完成。

52. 53. 的花朵花样

5/0号钩针

52. 发圈用 2个

53. 背心裙用 2个

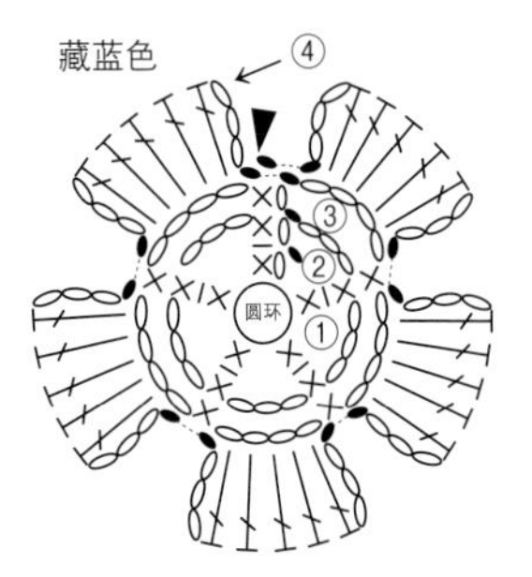

5.5cm

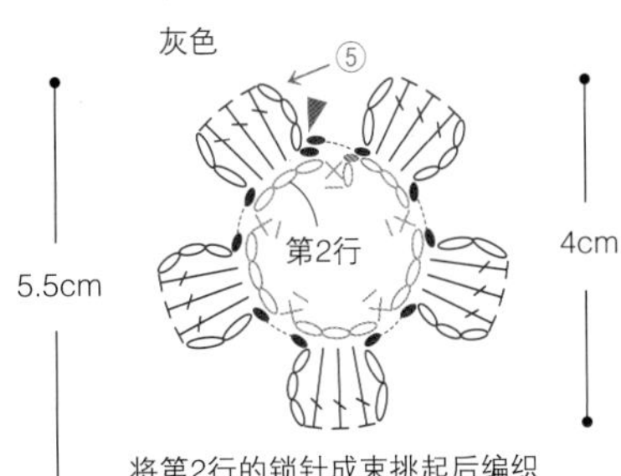

4cm

将第2行的锁针成束挑起后编织

米褐色

⑥

3cm

第1行

在第1行短针头针剩余的内侧半针中编织

52. 的编织起点留出20cm的线头，然后用此线将它缝到背心裙上

※花朵花样的编织方法参照P65

53. 发圈

圆形皮筋17cm

圆形皮筋穿入花样的反面中央，打结

53. 饰花发梳

图片*P69

●材料

Hamanaka Exceed Wool <FL>/ 201（本白）、212（粉色）…各少许

直径3mm的珍珠串珠…6颗

4根齿的发梳…1个

宽3.8cm的蝉翼纱丝带（白色）…50cm

●针

Hamanaka AmiAmi两用钩针RakuRaku 5/0号

●成品尺寸

参照图

●编织方法

1 编织花朵花样

用线头制作圆环起针，编织花样。

2 整理丝带的形状

蝉翼纱丝带的中心打出蝴蝶结，顶端翻折，整理形状。

3 完成

花样缝到正面，拼接珍珠串珠。反面拼接发梳，完成。

1 编织花朵花样

55. 花朵花样

5/0号钩针

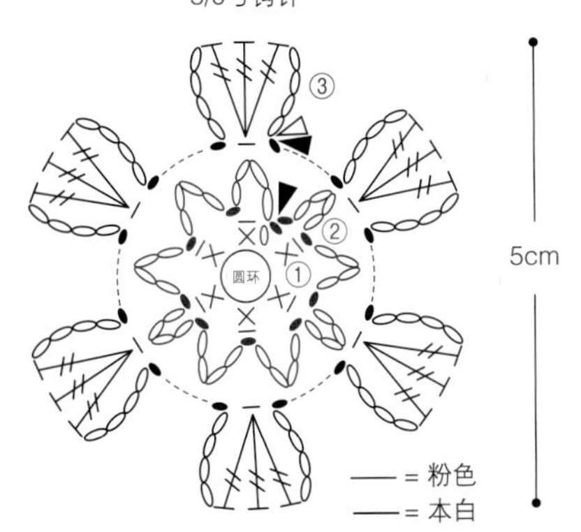

※花朵花样的编织方法参照P65

2 整理丝带的形状

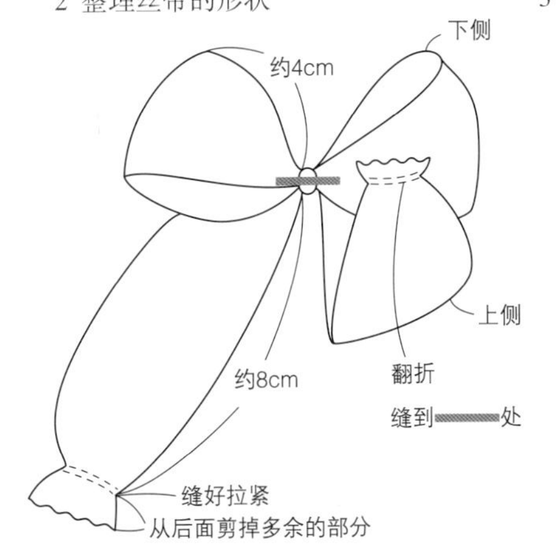

蝉翼纱丝带的中心打出蝴蝶结，折叠丝带的顶端，缝到结头处

3 完成

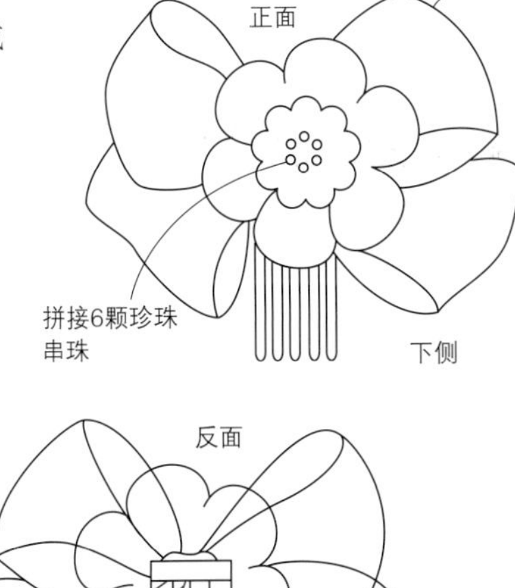

Material Guide

本书作品编织用线

●实物大编织线样本

线名	适合针	品质	规格	线长	颜色数
Exceed Wool <FL>	4/0 号	羊毛（美利奴）100%	每卷 40g	约 120m	34 色
Lovely Baby	5/0 号	腈纶 60%，羊毛（美利奴）40%	每卷 40g	约 105m	18 色
Cupid	3/0 号	羊毛（防缩加工）100%	每卷 40g	约 160m	10 色
Sonomono Loop	6/0 号	羊毛 60%，羊驼毛 40%	每卷 40g	约 38m	3 色
Softy Tweed	6/0 号	羊毛 80%，羊驼毛 20%	每卷 40g	约 95m	10 色
4 PLY	3/0 号	腈纶 65%，羊毛（美利奴）35%	每卷 50g	约 205m	29 色
Wanpaku Denis	5/0 号	腈纶 70%，羊毛（防缩加工）30%	每卷 50g	约 120m	28 色

※以上毛线均由日本HAMANAKA株式会社出品。
http://www.Hamanaka.co.jp

Material Guide

钩针编织的基础

【记号图的看法】 根据日本工业规格（JIS），所有的记号表示的都是编织物表面的状况。
钩针编织没有正面和反面的区别（拉针除外）。交替看正反面进行平针编织时也用相同的记号表示。

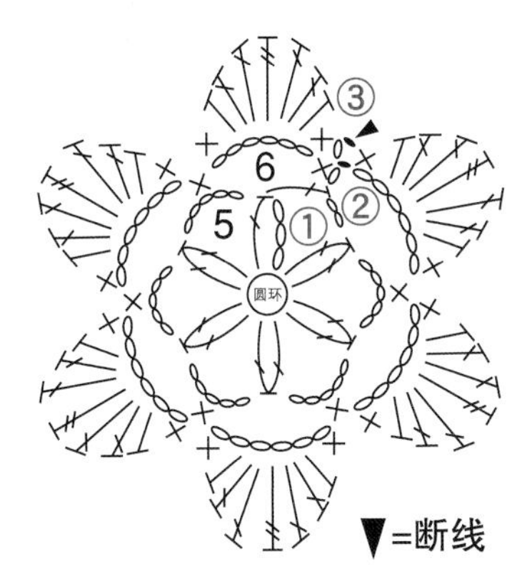

［从中心开始编织圆环］

在中心编织圆圈（或是锁针），像画圆一样逐行编织。在每行的起针处都进行立起编织。通常情况下都面对编织物的正面，从右到左看记号图进行编织。

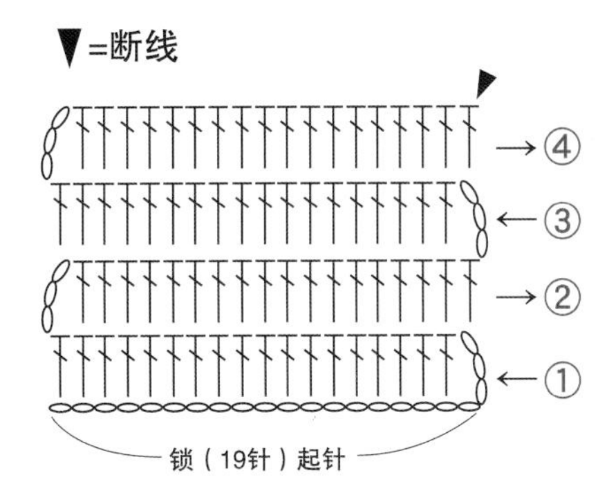

［平针钩针时］

特点是左右两边都有立锁针，当右侧出现立起的锁针时，将织片的正面置于内侧，从右到左参照记号图进行编织。当左侧出现立锁针时，将织片的反面置于内侧，从左到右看记号图进行编织。

【线和针的拿法】

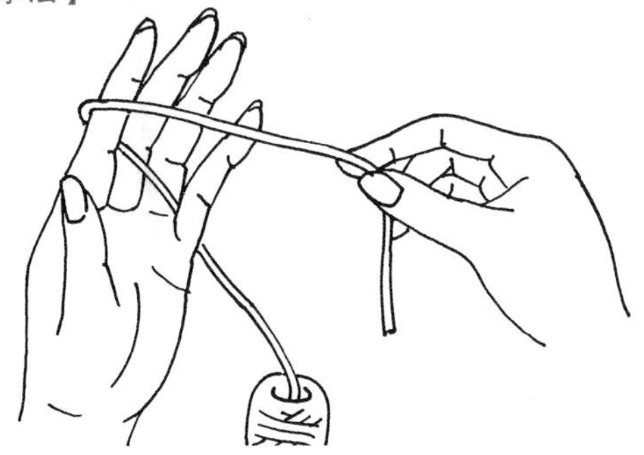

1 将线从左手的小指和无名指间穿过，绕过食指，线头拉到内侧。

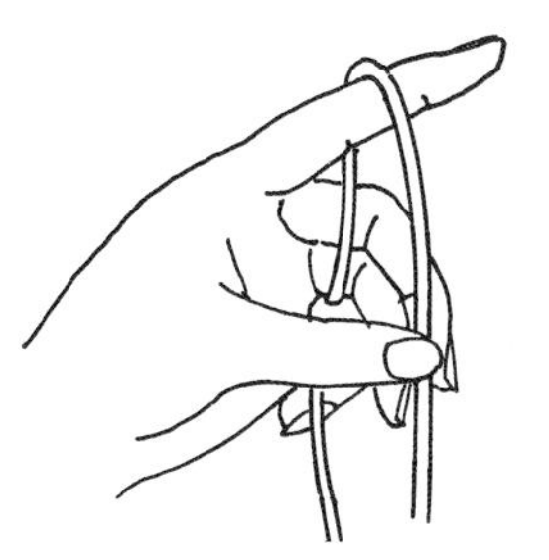

2 用拇指和中指捏住线头，食指挑起，将线拉紧。

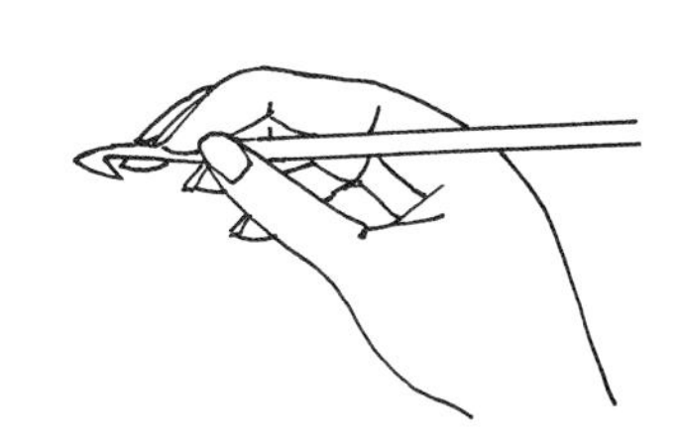

3 用拇指和食指握住针，中指轻放到针头。

【起始起针的方法】

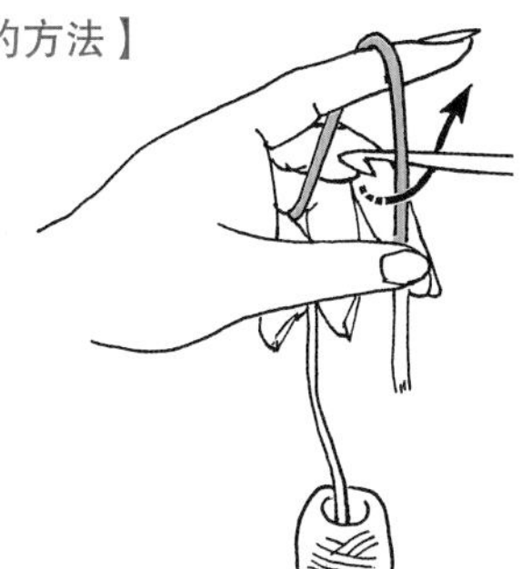

1 针从线的外侧插入，调转针头。

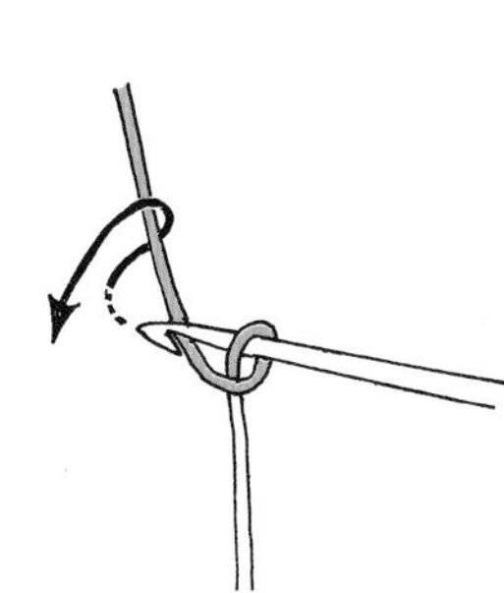

2 然后在针尖挂线。

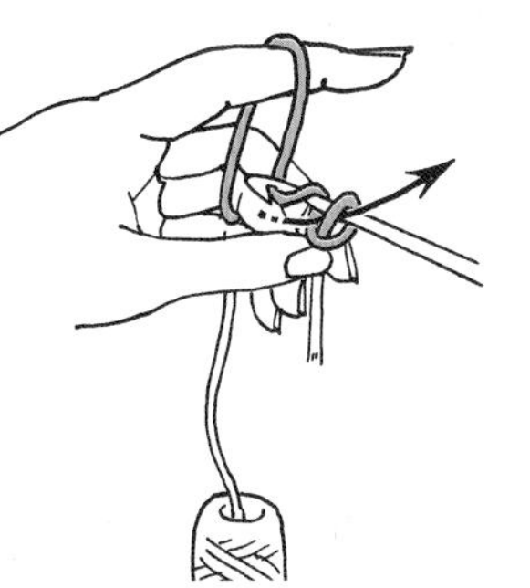

3 钩针从圆环中穿过，再在内侧引拔穿出线圈。

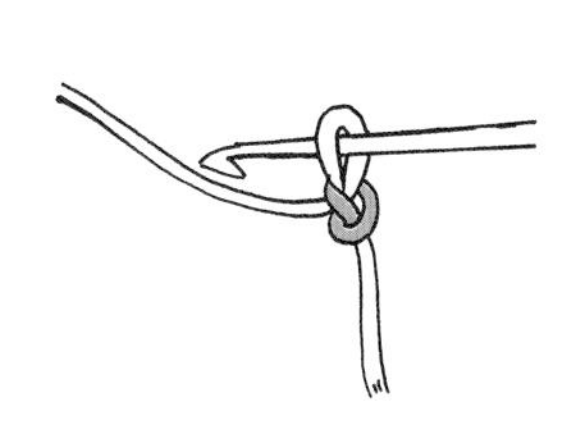

4 拉动线头，收紧针目，起始的起针完成，这针并不算作第1针。

【锁针的看法】

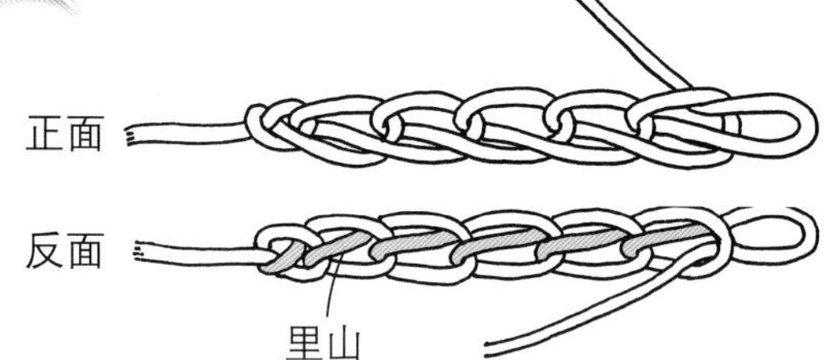

锁针有正反之分。
反面中央的一根线称为锁针的“里山”。

【起针】

[从中心开始编织圆环（用线头起针）]

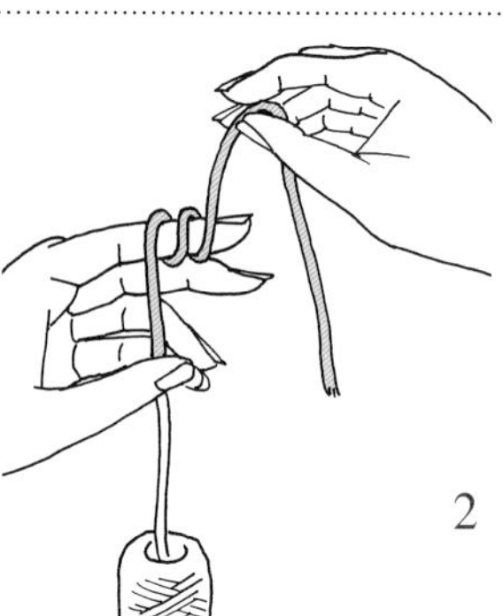

1 线在左手食指上绕两圈，形成圆环。

2 圆环从手指上取出，钩针插入圆环中，再引拔将线抽出。

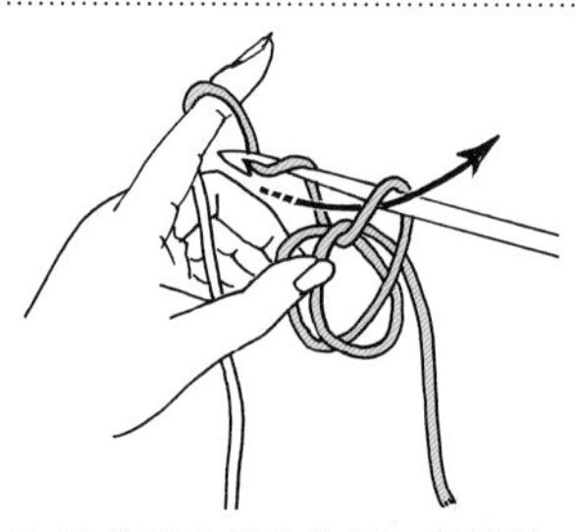

3 接着再在针上挂线，引拔抽出，编织1针立起的锁针。

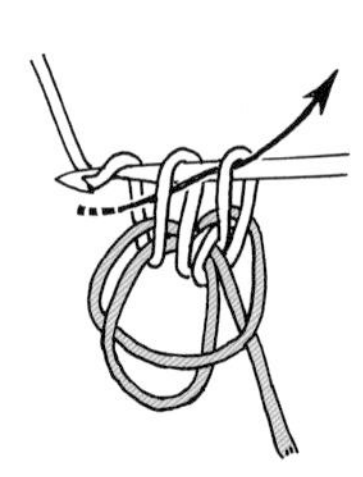

4 编织第1行时，将钩针插入圆环中，织入必要数目的短针。

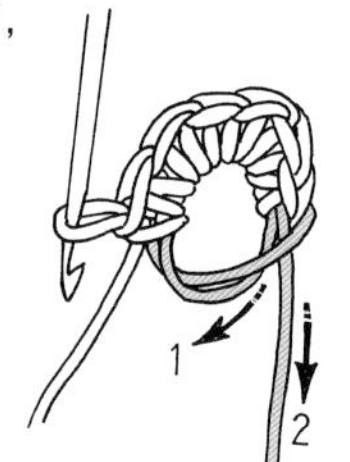

5 暂时取出钩针，拉动起始圆环的线和线头，收紧线圈。

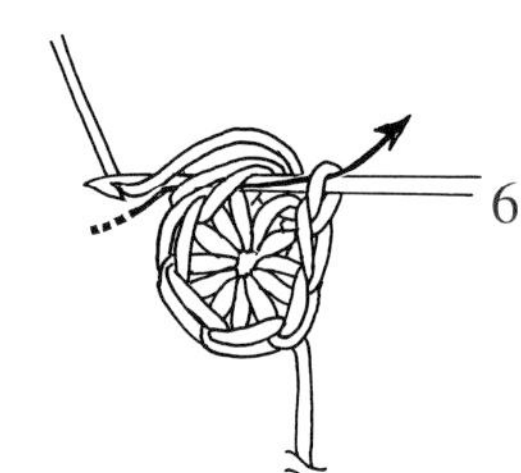

6 第1行末尾时，钩针插入起始短针的头针中引拔编织。

[从中心开始编织圆环（锁针起针）]

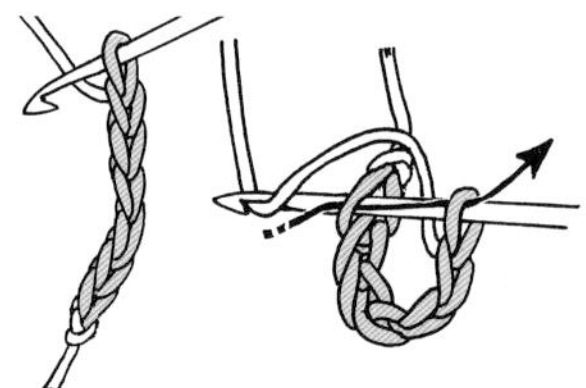

1 织入必要数目的锁针，然后把钩针插入起始锁针的半针中引拔编织。

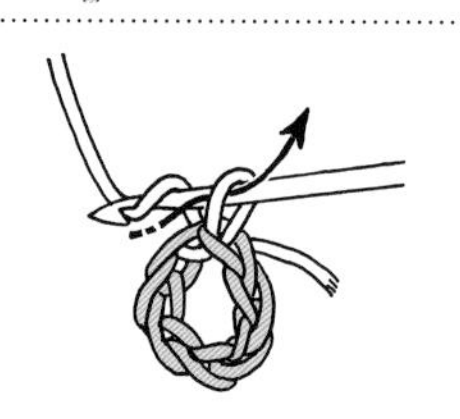

2 针尖挂线后引拔抽出线，编织立起的锁针。

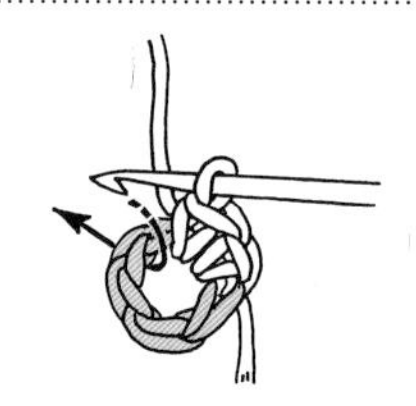

3 编织第1行时，将钩针插入圆环中心，然后将锁针成束挑起，再织入必要数目的短针。

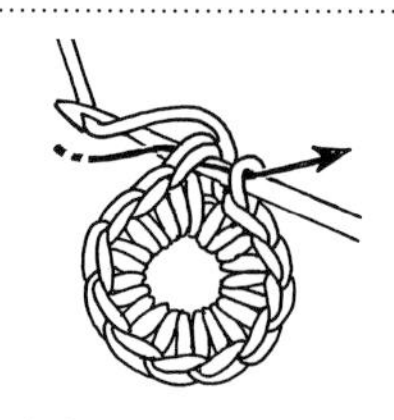

4 第1行末尾时，钩针插入起始短针的头针中，挂线后引拔编织。

[平针编织]

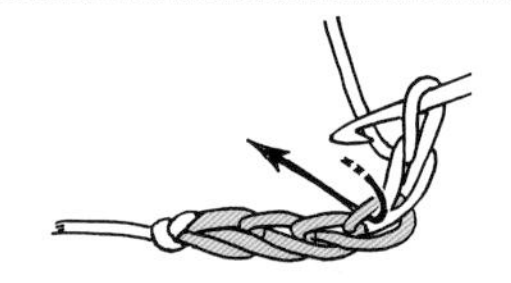

1 织入必要数目的锁针和立起的锁针，在从头数的第2针锁针中插入钩针。

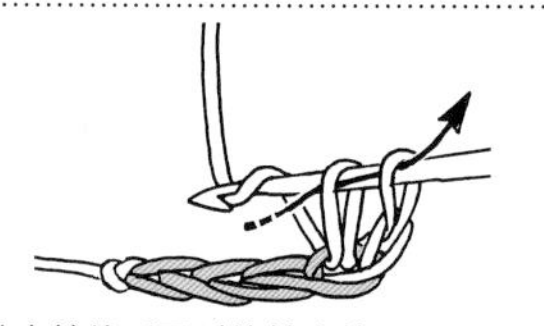

2 针尖挂线后再引拔抽出线。

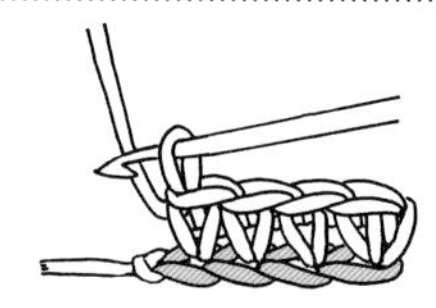

3 第1行编织完成后如图（立起的1针锁针不算作1针）。

【将上一行针目挑起的方法】

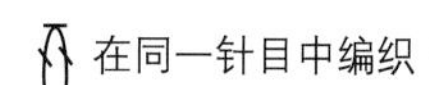

在同一针目中编织

将锁针成束挑起后编织

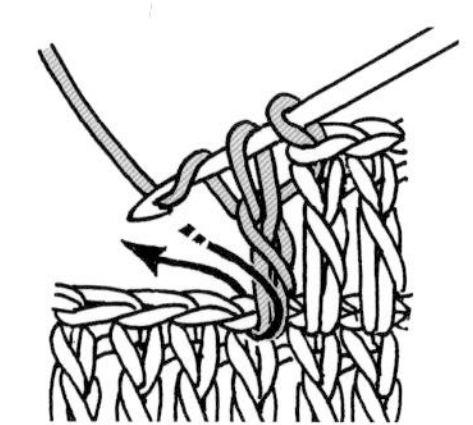

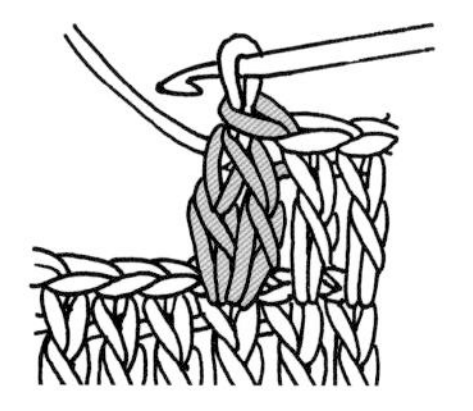

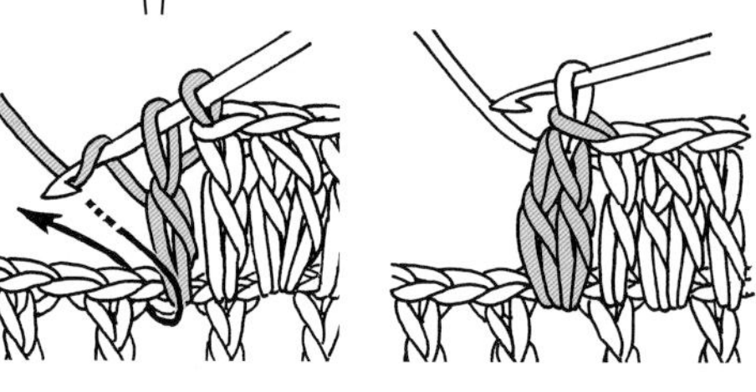

即便是同样的枣形针，根据不同的记号图挑针的方法也不相同。记号图的下方封闭时表示在上一行的同一针中编织，记号图的下方开合时表示将上一行的锁针成束挑起编织。

【针法符号】

○
[锁针]

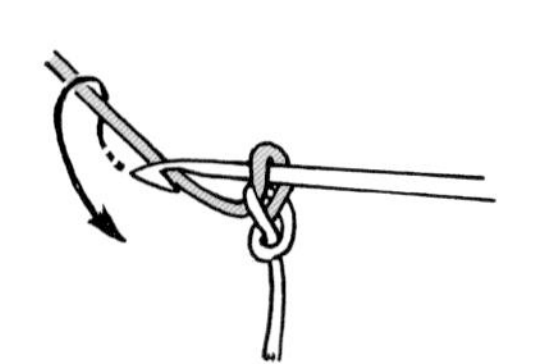

1 编织起始的针目、按照箭头所示转动针头挂线。

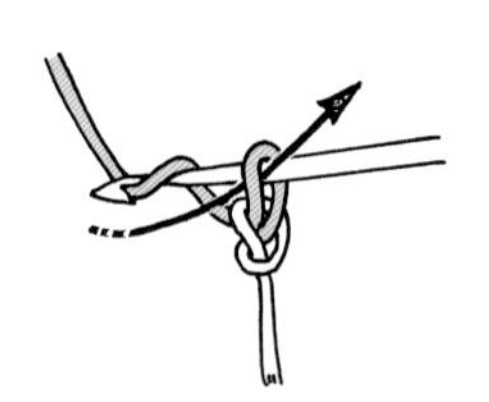

2 引拔抽出挂在针上的线。

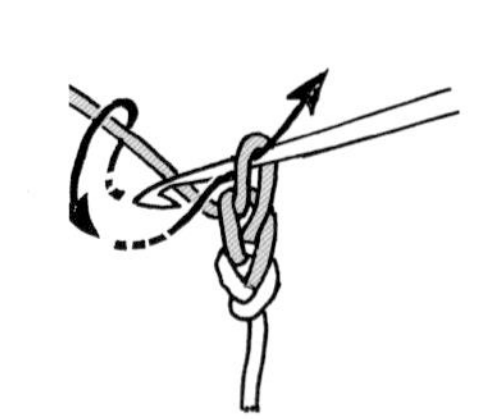

3 重复步骤1、步骤2。

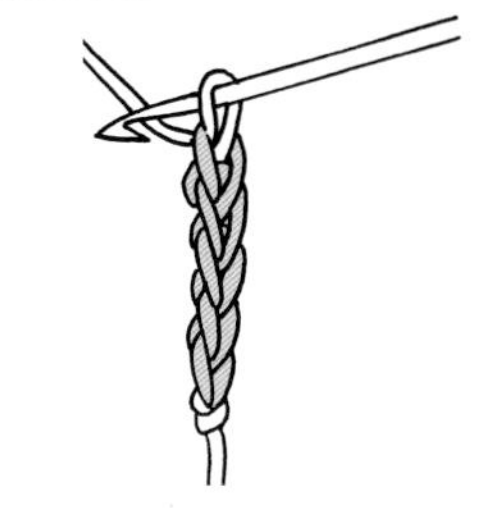

4 编织完5针锁针。

●
[引拔针]

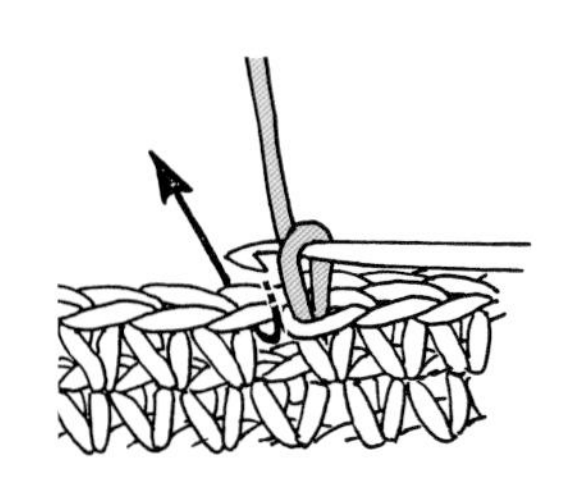

1 钩针插入上一行的针目中。

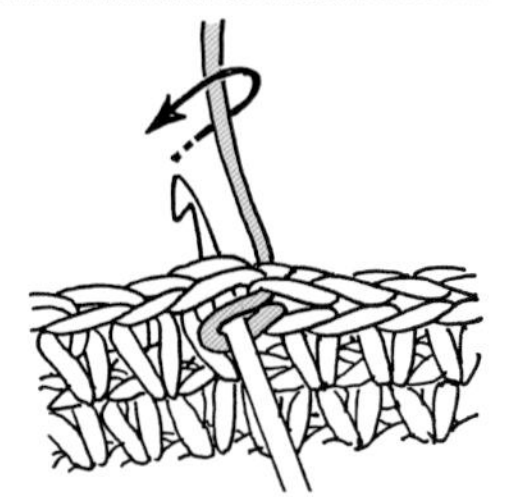

2 针尖挂线。

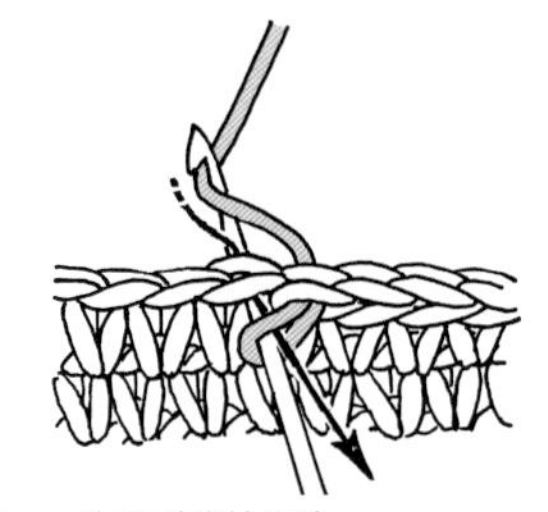

3 一次性引拔抽出线。

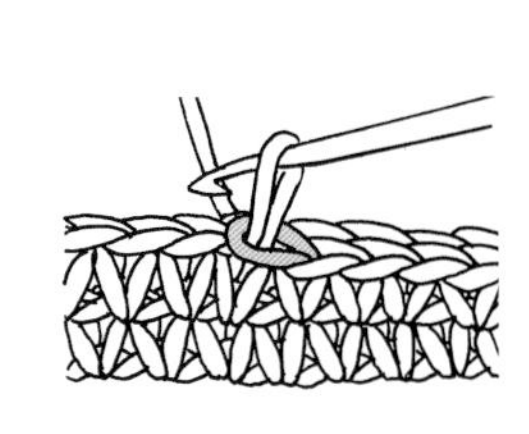

4 1针引拔针完成。

×
[短针]

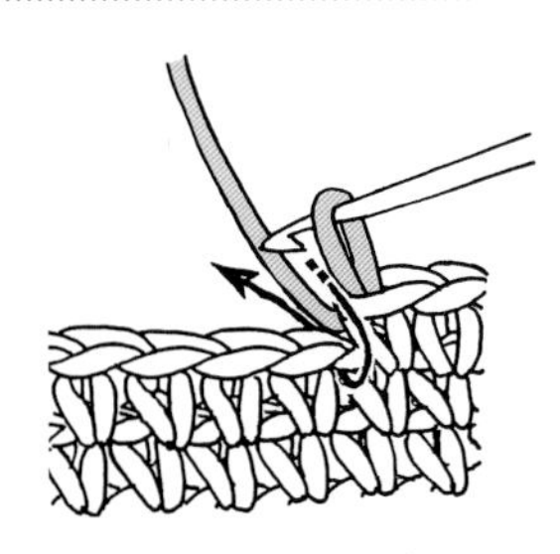

1 钩针插入上一行的针目中。

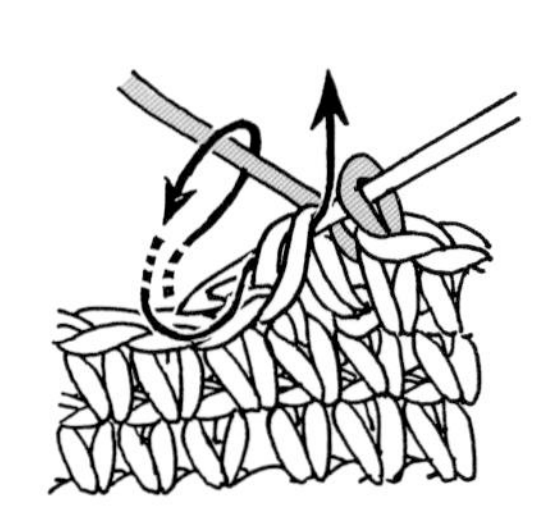

2 针尖挂线，从内侧引拔穿过线圈。

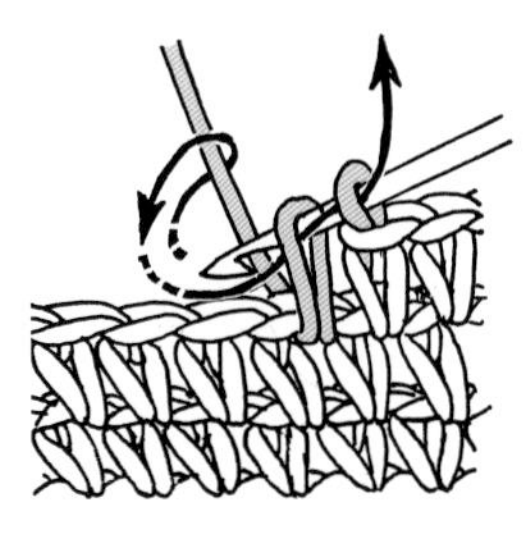

3 再次在针尖挂线，一次性引拔穿过2个线圈。

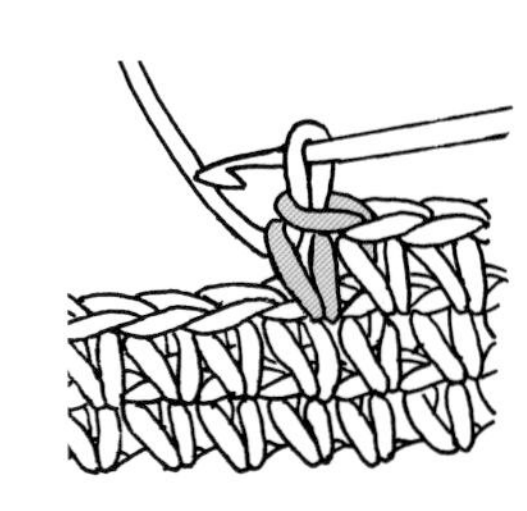

4 1针短针完成。

T
[中长针]

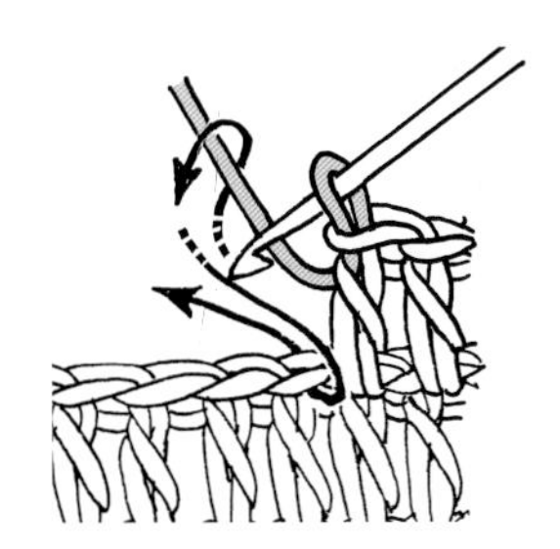

1 针尖挂线后，钩针插入上一行的针目中挑起编织。

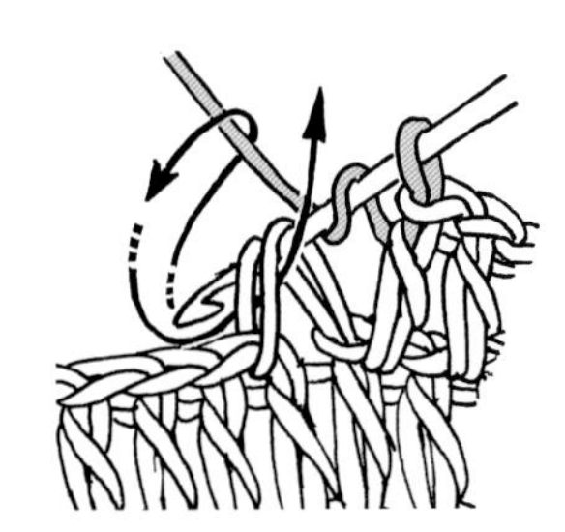

2 再次在针尖挂线，从内侧引拔穿过线圈。

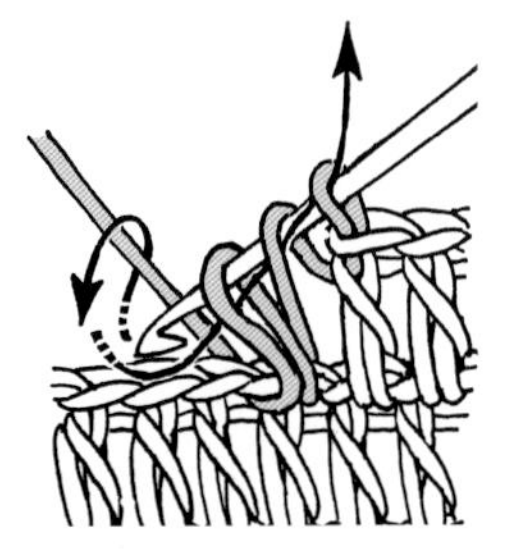

3 针尖挂线，一次性引拔穿过3个线圈。

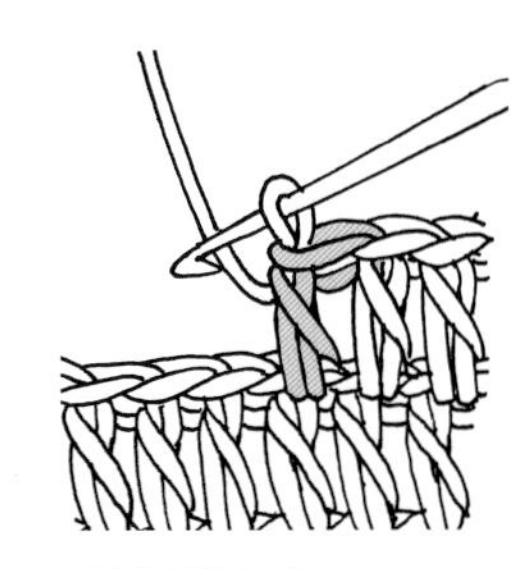

4 1针中长针完成。

【针法符号】

［长针］

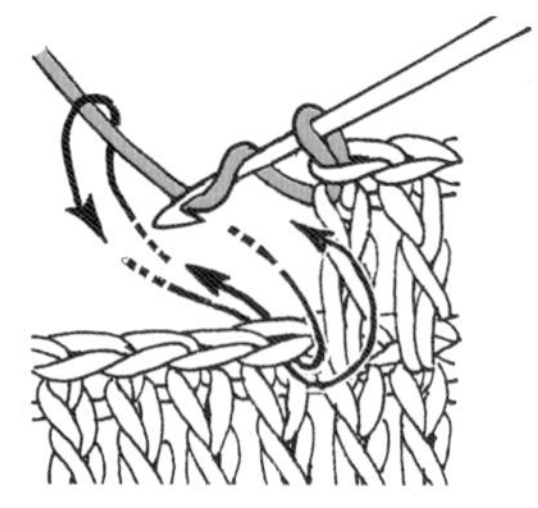

1 针尖挂线后，钩针插入上一行的针目中。然后再在针尖挂线，从内侧引拔穿过线圈。

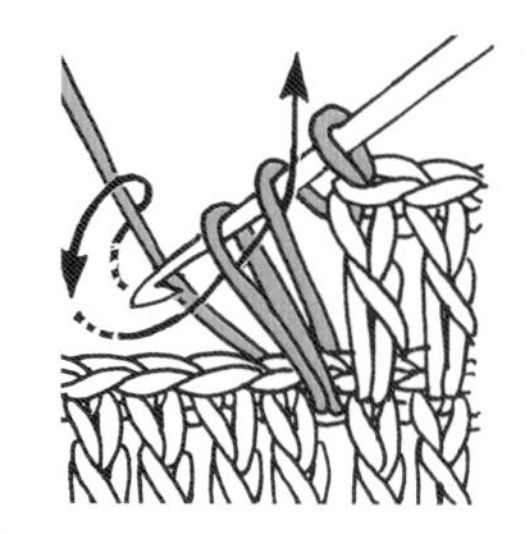

2 按照箭头所示方向，引拔穿过2个线圈。

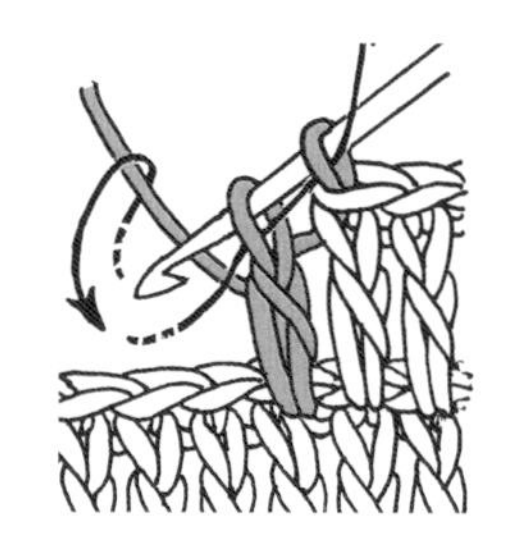

3 再次在针尖挂线，按照箭头所示方向，引拔穿过剩下的2个线圈。

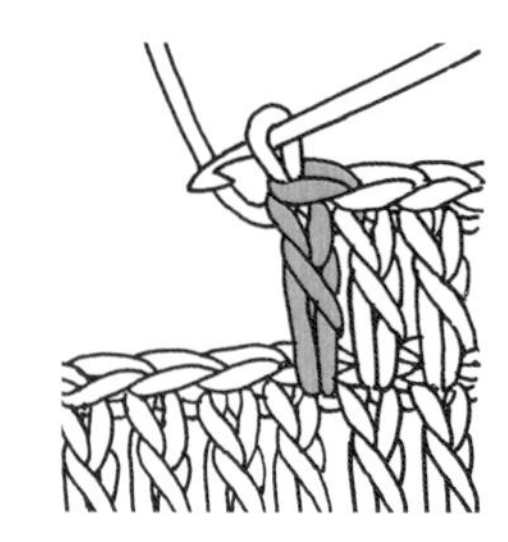

4 1针长针完成。

［长长针］

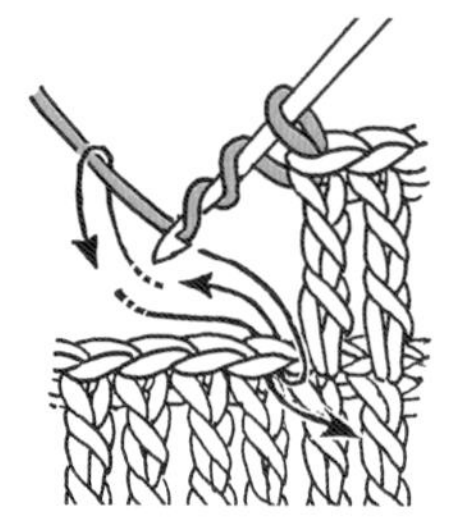

1 线在针尖缠2圈后，钩针插入上一行的针目中，然后在针尖挂线，从内侧引拔穿过线圈。

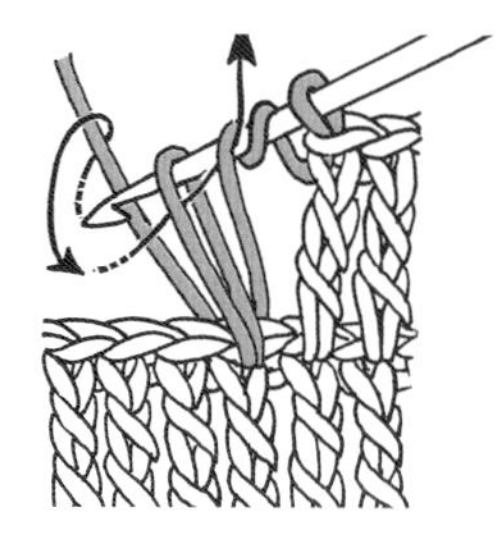

2 按照箭头所示方向，引拔穿过2个线圈。

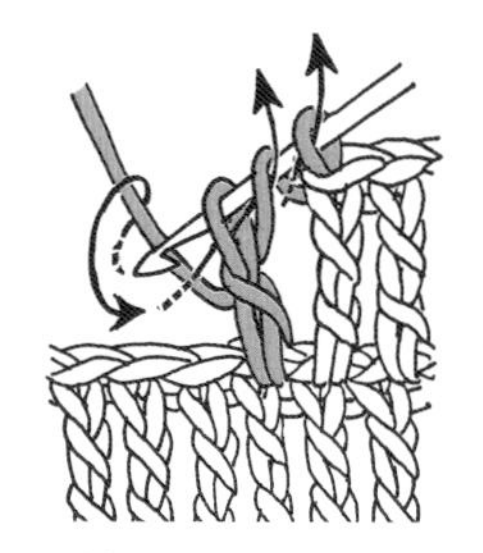

3 同样的动作重复两次。

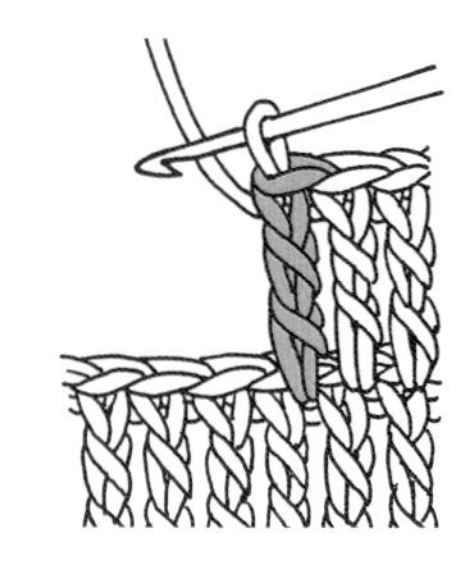

4 1针长长针完成。

［短针2针并1针］

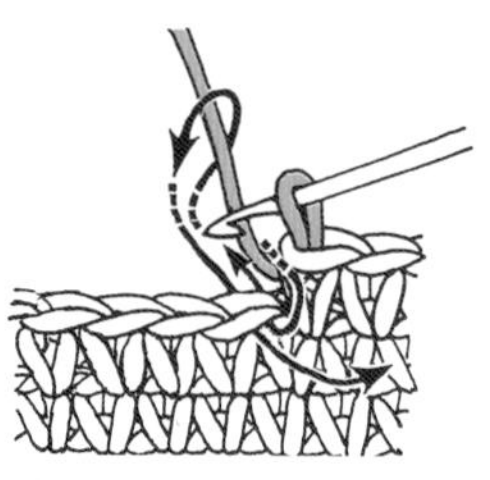

1 按照箭头所示，将钩针插入上一行的1个针目中，引拔穿过线圈。

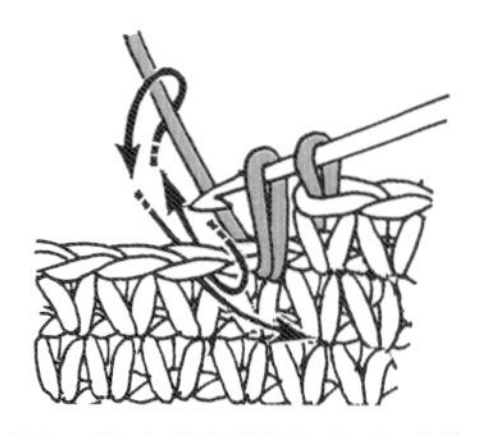

2 下一针也按同样的方法引拔穿过线圈。

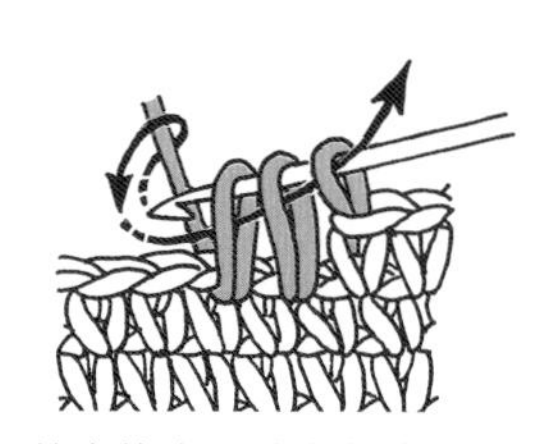

3 针尖挂线，引拔穿过3个线圈。

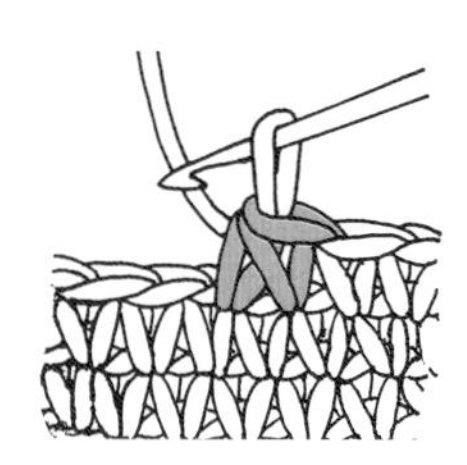

4 短针2针并1针完成。比上一行少1针。

［短针1针分2针］

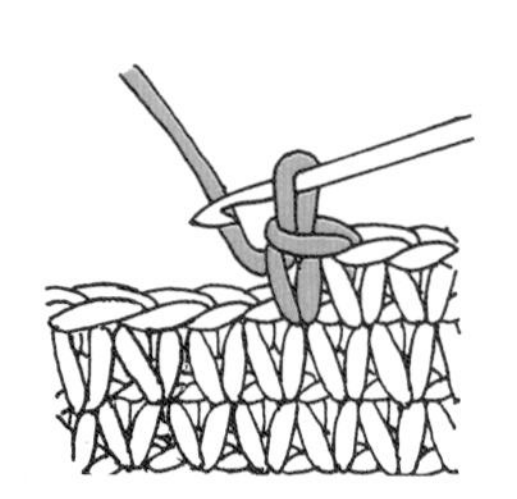

1 编织1针短针。

2 钩针插入同一针目中，从内侧引拔抽出线圈。

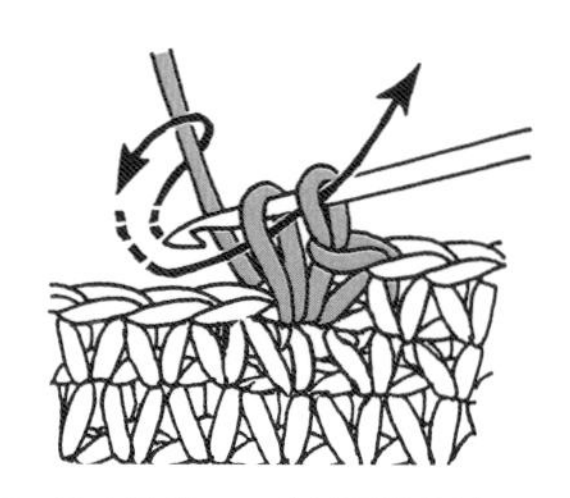

3 针尖挂线，一次性引拔穿过2个线圈。

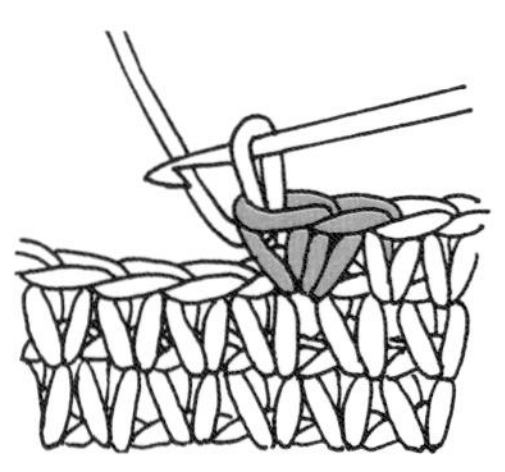

4 在上一行的1个针目中织入2针短针。比上一行多1针。

【针法符号】

［短针1针分3针］

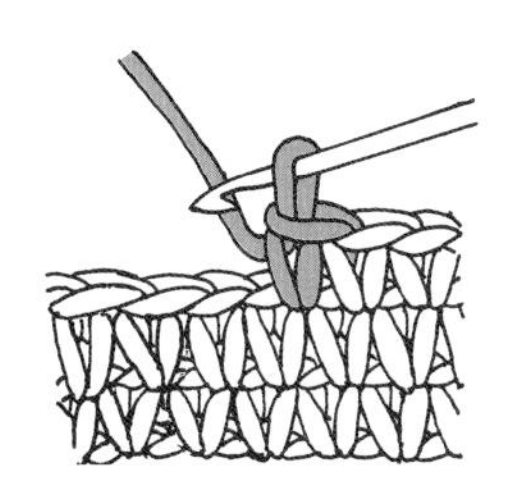

1 编织1针短针。

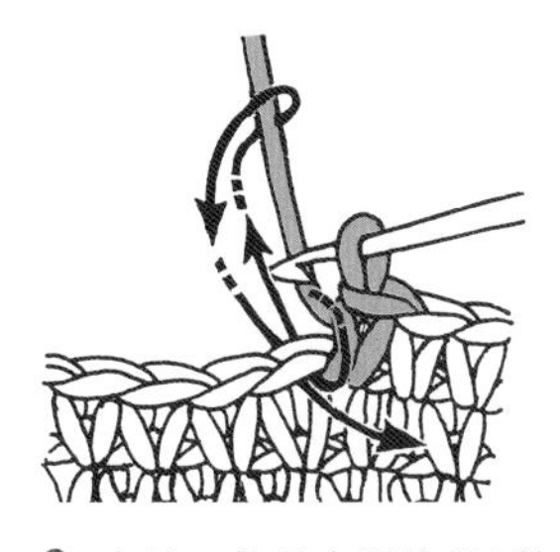

2 在同一针目中再编织1针短针。

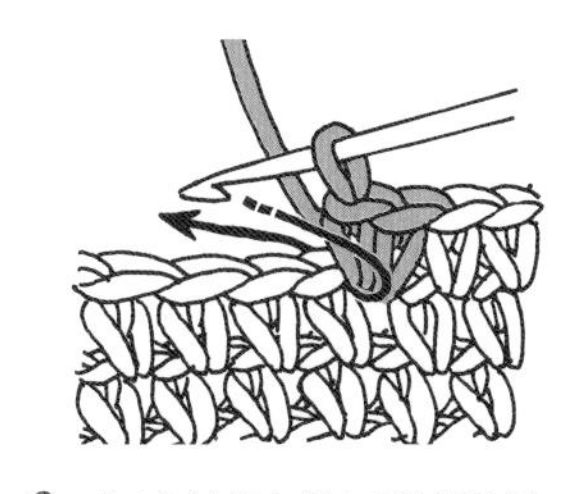

3 在1个针目中织入2针短针后如图。接着在同一针目中再织入1针短针。

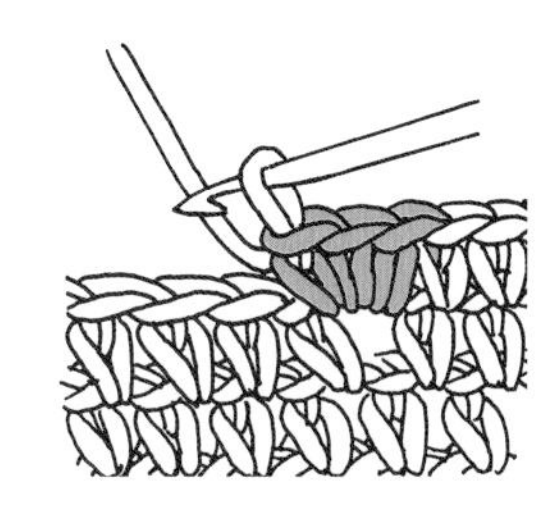

4 1个针目中织入了3针短针后如图。与上一行相比多了2针。

［短针的条纹针］

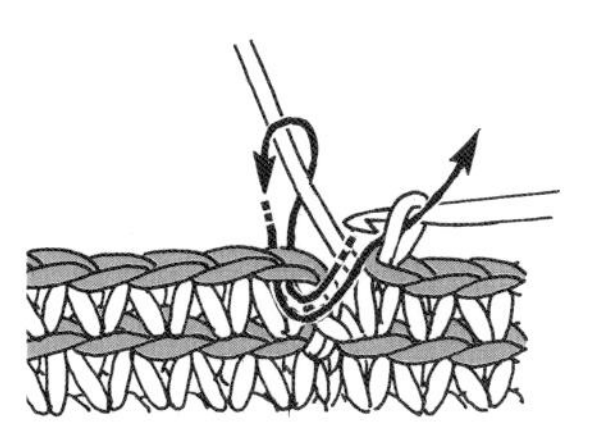

1 看着每行的正面编织。编织一圈短针后在起始的针目中引拔编织。

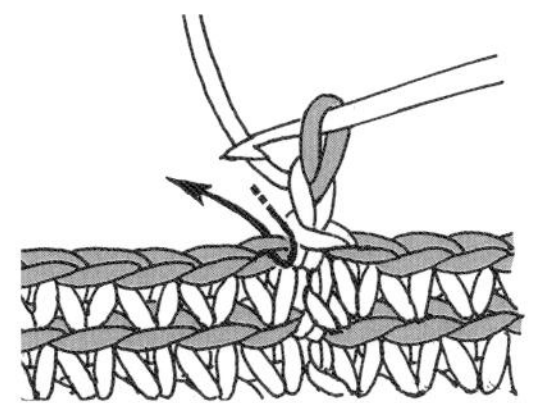

2 编织1针立起的锁针，然后将上一行外侧的半针挑起，编织短针。

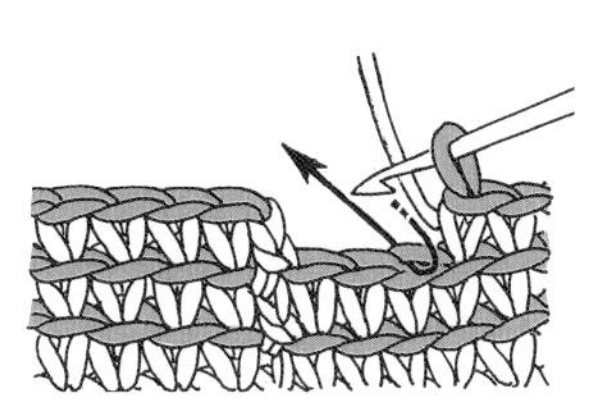

3 按照同样的方法重复步骤2，继续编织短针。

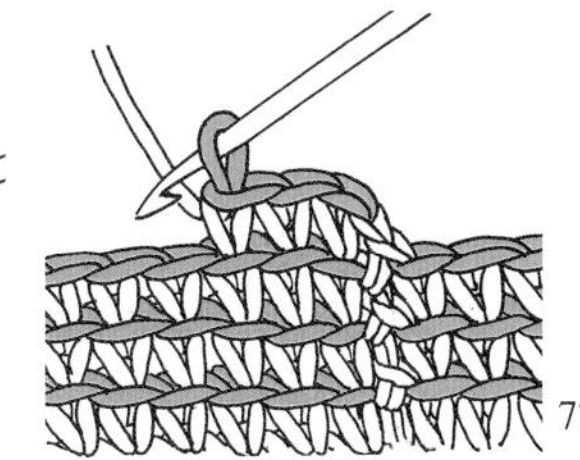

4 上一行的内侧半针形成条纹状。编织完第3行短针的条纹针后如图。

［长针2针并1针］

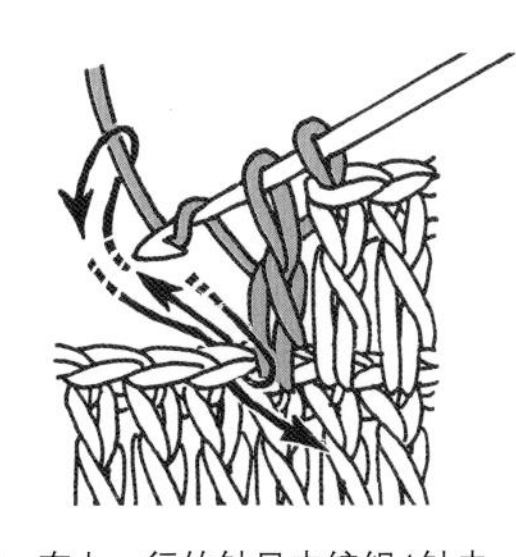

1 在上一行的针目中编织1针未完成的长针，然后按照箭头所示，将钩针插入下一针目中，再引拔抽出线。

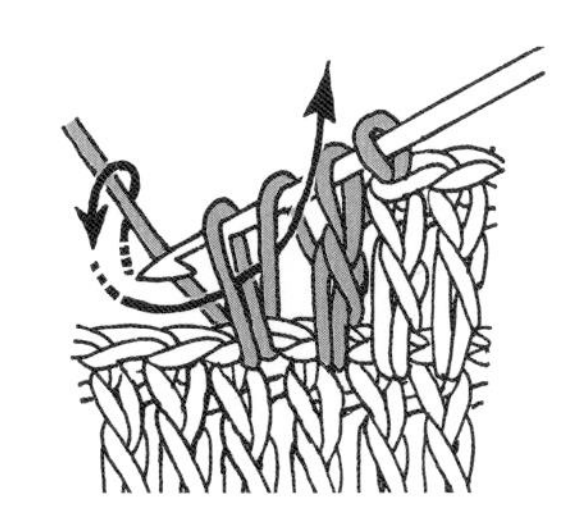

2 针尖挂线，引拔穿过2个线圈，编织出第2针未完成的长针。

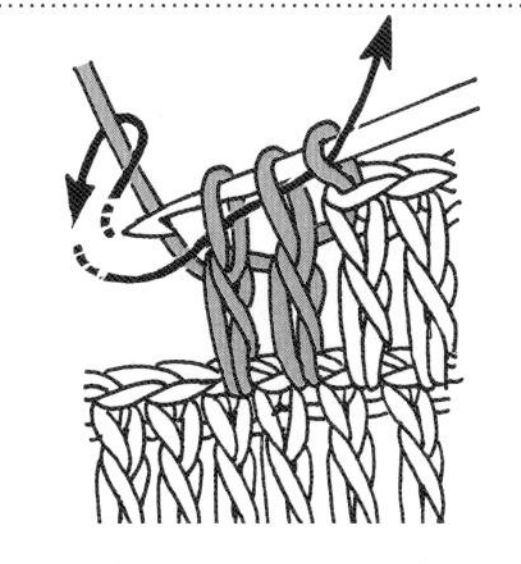

3 再次在针尖挂线，一次性引拔穿过3个线圈。

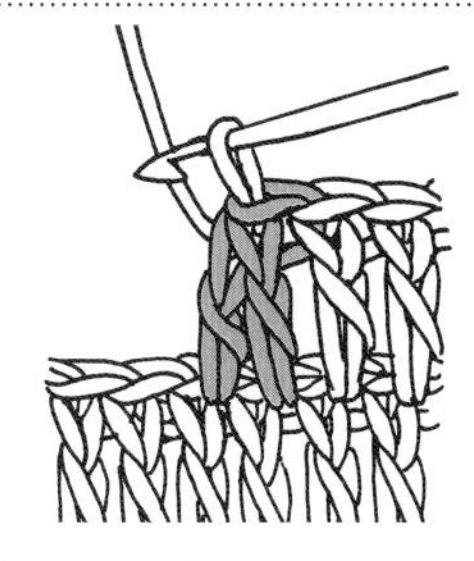

4 长针2针并1针完成。比上一行少1针。

［长针1针分2针］

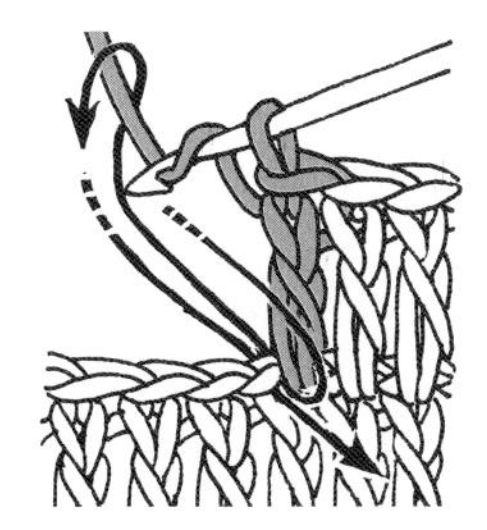

1 编织完1针长针后，在同一针目中再编织1针长针。

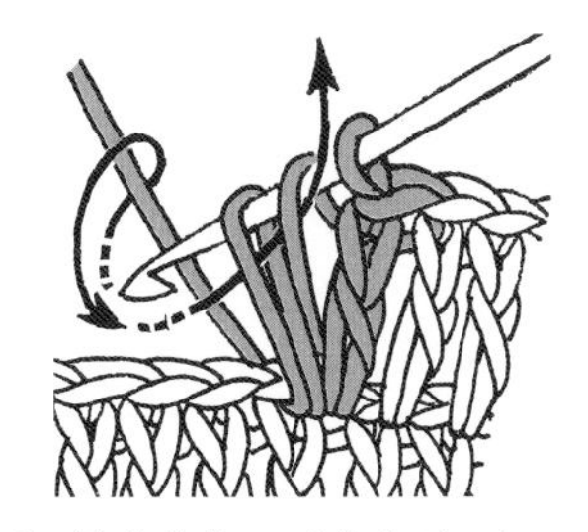

2 针尖挂线，引拔穿过2个线圈。

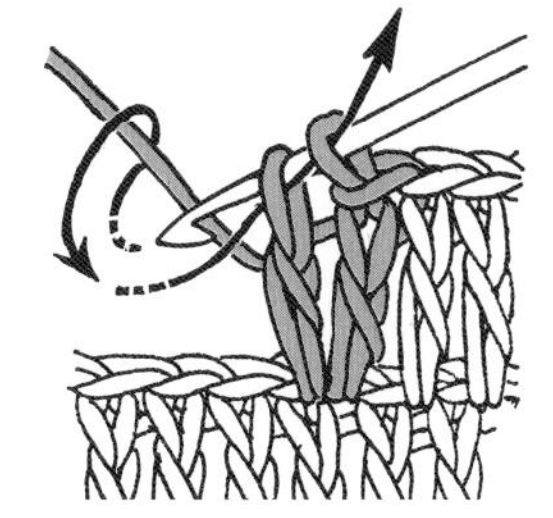

3 再在针尖挂线，引拔穿过剩下的2个线圈。

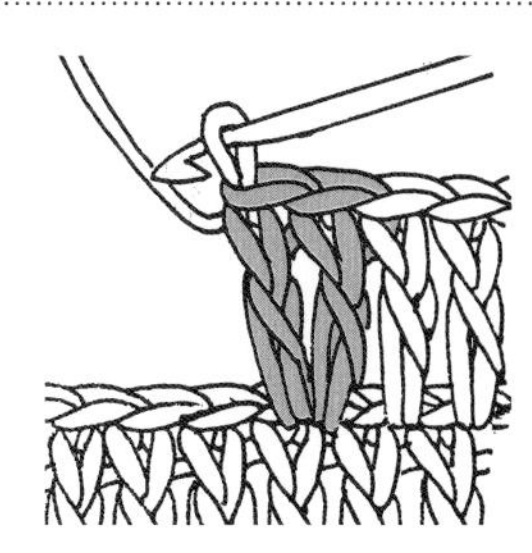

4 1个针目中织入了2针长针。比上一行多1针。

【针法符号】

［长针3针的枣形针］

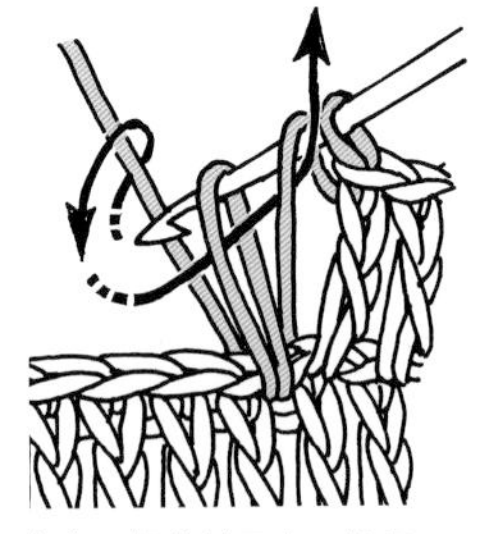

1 在上一行的针目中，编织1针未完成的长针。

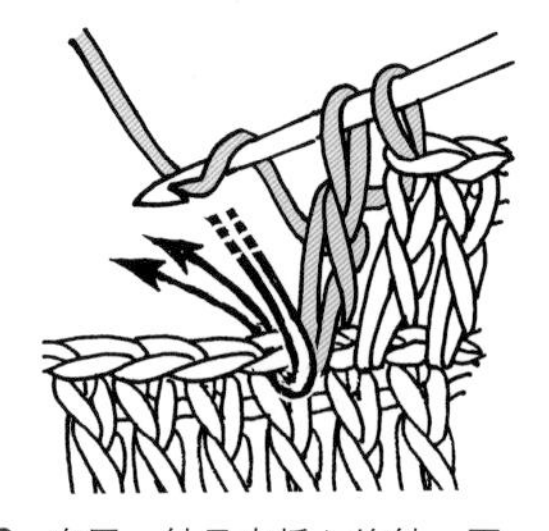

2 在同一针目中插入钩针，再织入2针未完成的长针。

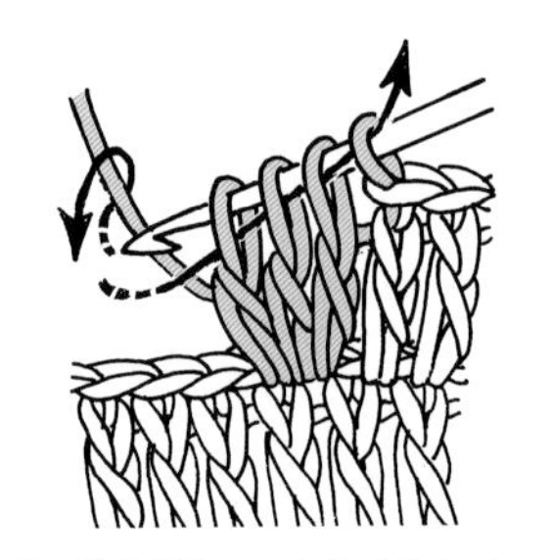

3 针尖挂线，一次性引拔穿过4个线圈。

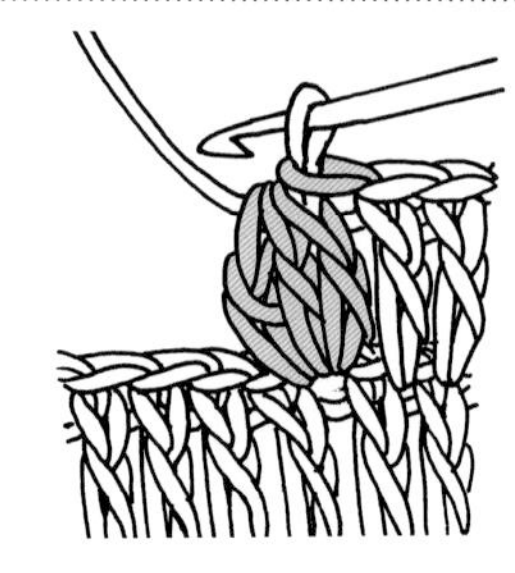

4 长针3针的枣形针完成。

［长针5针的爆米花针］

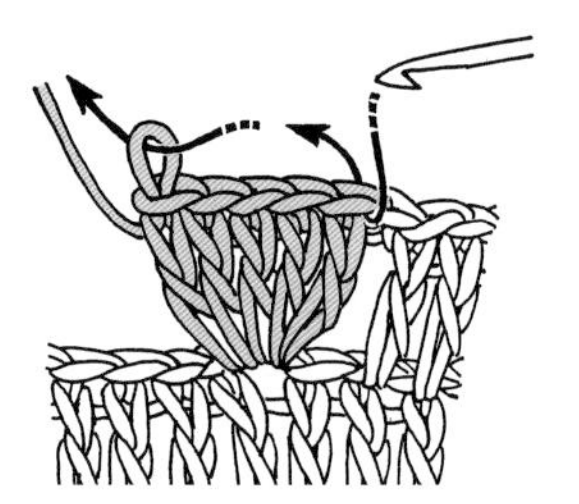

1 在上一行的同一针目中织入5针长针。然后暂时取出钩针，再按箭头所示插入。

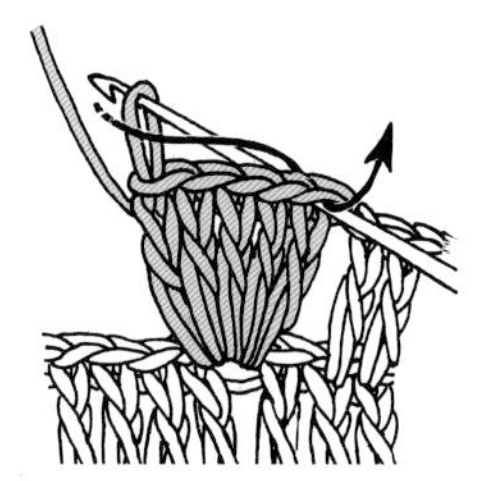

2 线圈从内侧直接引拔抽出。

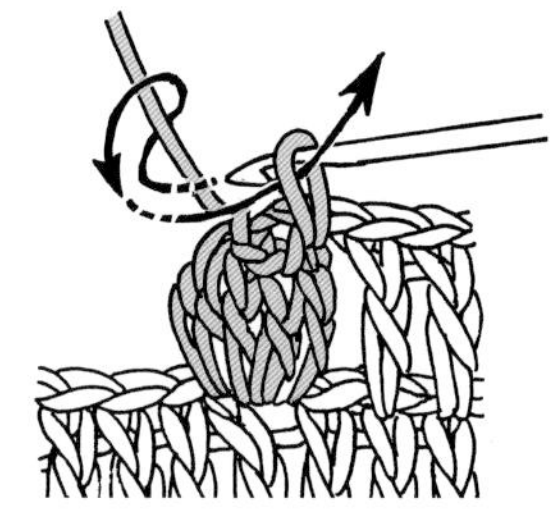

3 在编织1针锁针，拉紧。

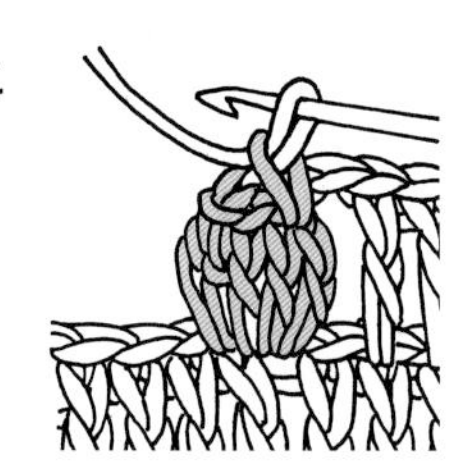

4 长针5针的爆米花针完成。

［中长针2针的变化枣形针］

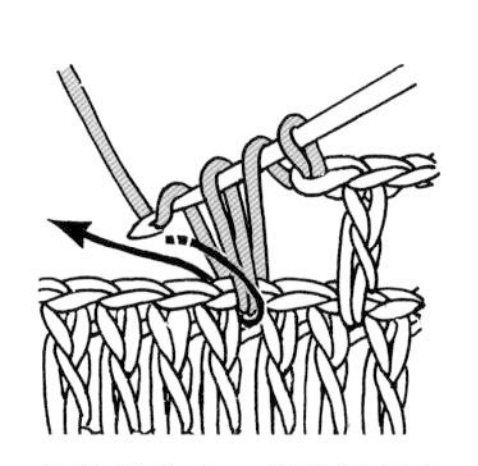

1 钩针插入上一行的针目中，编织2针未完成的中长针。

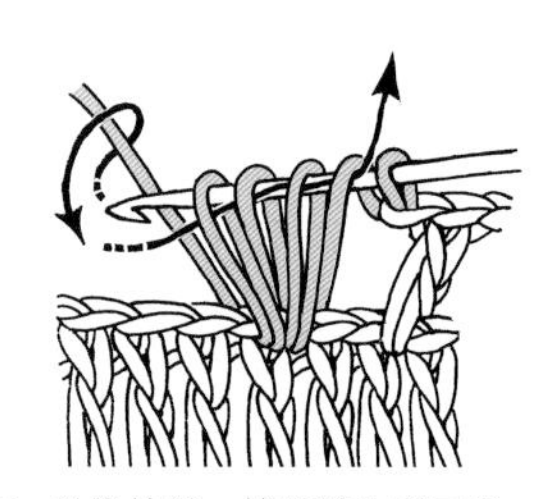

2 针尖挂线，按照箭头所示引拔编织4个线圈。

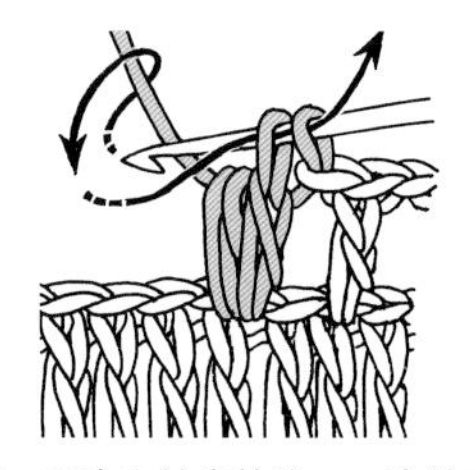

3 再次在针尖挂线，一次性穿过剩余的2个线圈。

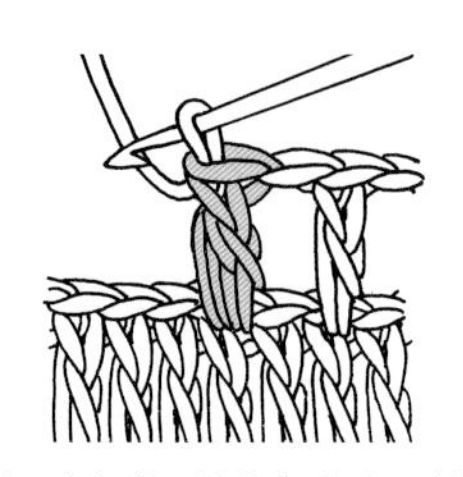

4 中长针2针的变化枣形针完成。

［中长针3针的变化枣形针］

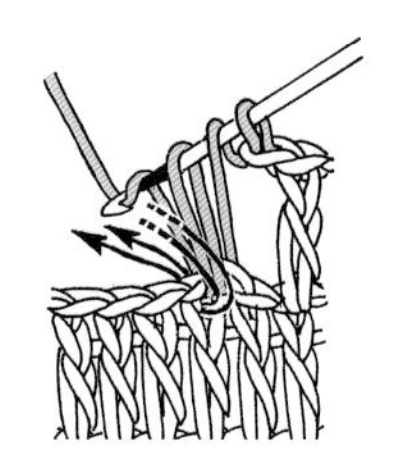

1 钩针插入上一行的针目中，织入未完成的3针中长针。

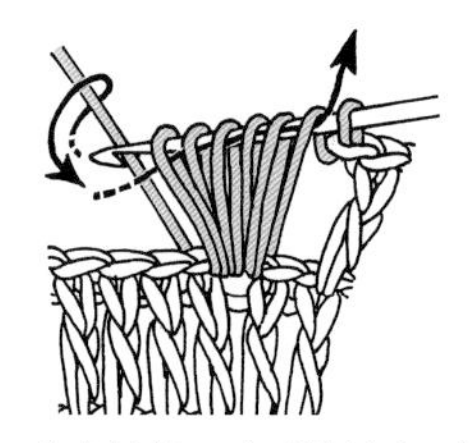

2 针尖挂线，先引拔抽出6个线圈。

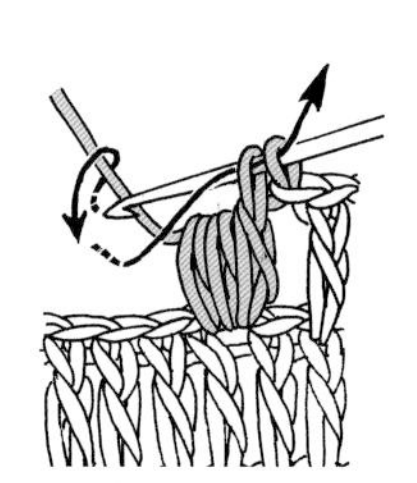

3 然后再在针上挂线，引拔穿过剩下的2个线圈。

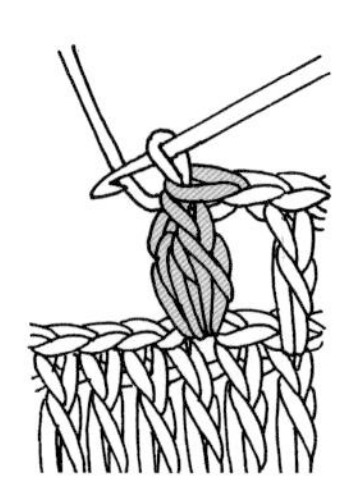

4 中长针3针的变化枣形针完成。

【针法符号】

[长针的正拉针（反面行）]

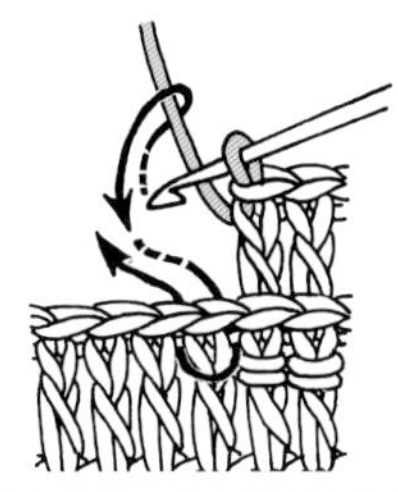

1 针尖挂线，按照箭头所示从反面将钩针插入上一行长针的尾针中。

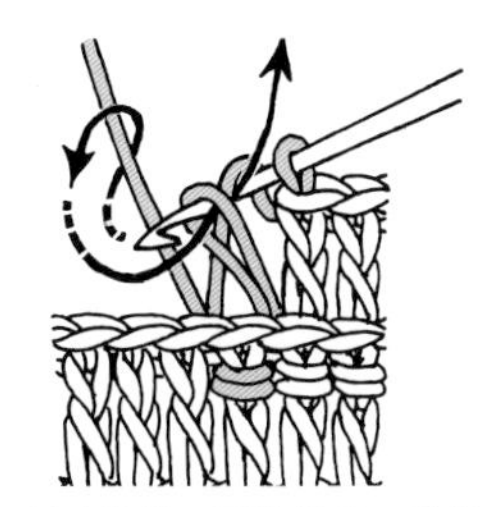

2 针尖挂线，引拔抽出，引拔穿过2个线圈。

3 再次在针尖挂线，编织长针。

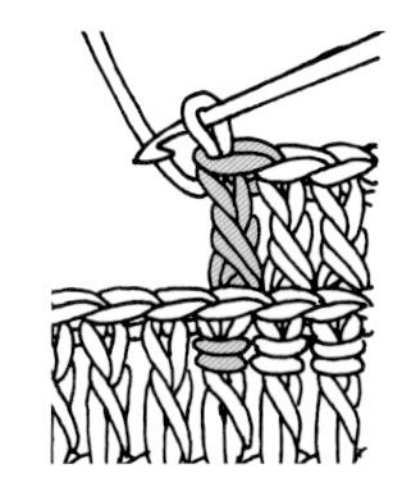

4 长针的正拉针（反面行）完成。

[锁针3针的引拔小链针]

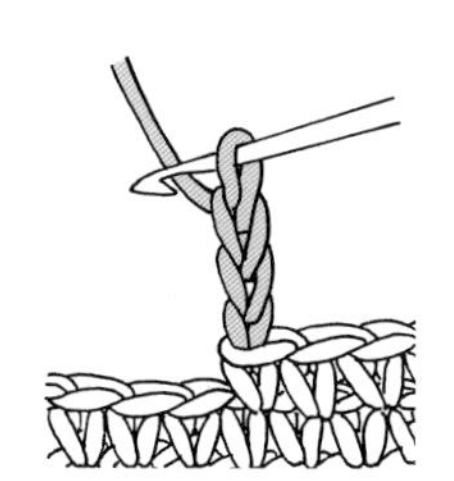

1 编织3针锁针。

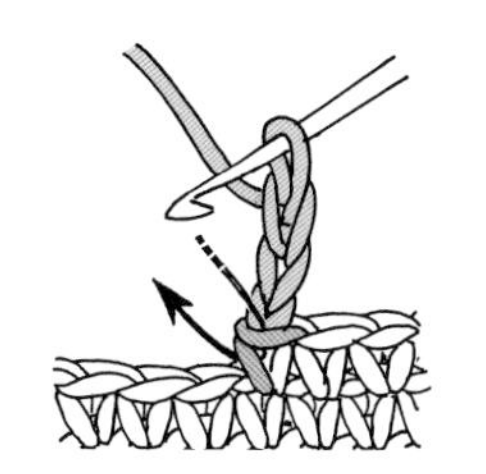

2 钩针插入锁针的头半针和尾针一根线中。

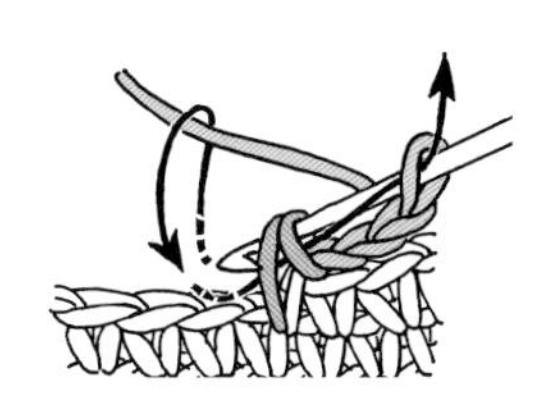

3 针尖挂线，一次性引拔穿过3个线圈。

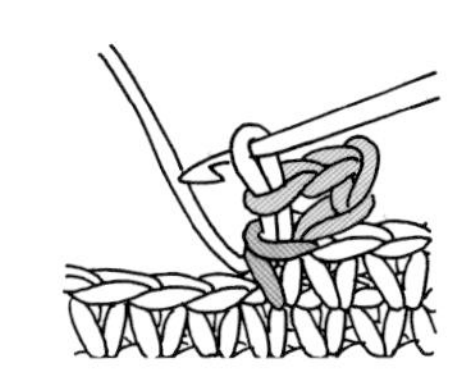

4 引拔小链针完成。

【在织片中途接线的方法】

●看着正面编织行接线

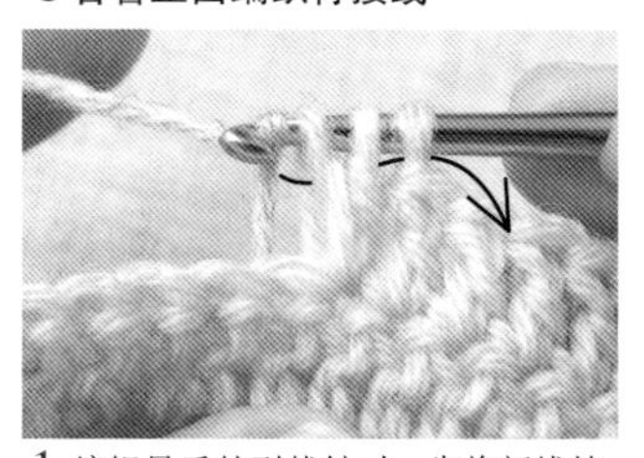

1 编织最后的引拔针时，先将新线挂在针尖，之前编织的编织线和新线的线头都置于外侧，但只引拔编织新线。

2 反面的线头穿入缝纫针中，4~5cm藏到织片中，剪短。

●看着反面编织行接线

1 编织最后的引拔针时，先将新线挂在针尖，之前编织的编织线和新线的线头都置于内侧，但只引拔编织新线。

2 反面的线头穿入缝纫针中，4~5cm藏到织片中，剪短。

【其他编织基础索引】

TITLE: [はじめてのかぎ針編み　男の子と女の子　ベビー服とこものセット]
BY: [E&G CREATES CO.,LTD.]
Copyright © E&G CREATES CO.,LTD., 2008
Original Japanese language edition published by E&G CREATES CO.,LTD.
All rights reserved. No part of this book may be reproduced in any form without the written permission of the publisher.
Chinese translation rights arranged with E&G CREATES CO.,LTD.
Tokyo through Nippon Shuppan Hanbai Inc.

本书由日本美创出版授权北京书中缘图书有限公司出品并由河北科学技术出版社在中国范围内独家出版本书中文简体字版本。
著作权合同登记号：冀图登字 03-2013-182
版权所有・翻印必究

图书在版编目（CIP）数据

亲亲宝贝装：1周就能完成的婴儿套装．童趣篇／日本美创出版编著；何凝一译．-- 石家庄：河北科学技术出版社，2014.3
ISBN 978-7-5375-6670-4

Ⅰ．①亲… Ⅱ．①日… ②何… Ⅲ．①童服－毛衣－钩针－编织－图集 Ⅳ．① TS941.763.1-64

中国版本图书馆 CIP 数据核字 (2013) 第 309655 号

亲亲宝贝装：1周就能完成的婴儿套装（童趣篇）

日本美创出版　编著　何凝一　译

策划制作：北京书锦缘咨询有限公司（www.booklink.com.cn）
总 策 划：陈　庆
策　　划：李　卫
责任编辑：杜小莉
设计制作：柯秀翠

出版发行	河北科学技术出版社
地　　址	石家庄市友谊北大街 330 号（邮编：050061）
印　　刷	北京世汉凌云印刷有限公司
经　　销	全国新华书店
成品尺寸	210mm × 260mm
印　　张	5
字　　数	60 千字
版　　次	2014 年 4 月第 1 版 2014 年 4 月第 1 次印刷
定　　价	29.80 元